「農協人」を
育成するための
人事制度改革

有限責任監査法人トーマツJA支援室　著
水谷 成吾

はじめに

　農協事業の基本は職員による組合員に対するサービス提供であり、職員が組合員や地域と接点を持ち、農協を代表することで農協の使命を実践します。そのため、職員が農協にとっての最重要な経営資源であり、職員育成の成否が農協の将来を決めるといっても過言ではありません。

　特に現在のように農協に変革が求められている時期には、職員一人ひとりが自律的に考えられる人材（自律型職員）に成長することが不可欠です。組合員の声、地域の声など多様化する関係者の声に職員一人ひとりが農協の代表として対応していかなければ、変化する環境に対応することはできません。

　しかし、弊法人が全国の農協において実施した組合員満足度調査や職員満足度調査からみえてくるのは、職員の専門性への不安と農協らしさの希薄化に対する不満です。実際に農協の役職員の皆様と意見交換させていただくと、ほとんどの農協で人材育成が重要課題として挙げられます。

　そこで、我々がこれまで農協グループに対して提言してきた"農協人"を育成するための人事制度の論点を1冊にまとめました。第1部では【人事制度改革が必要な理由】として、本書を執筆するきっかけになった農協職員に対する問題意識をまとめています。そのうえで、第2部では【農協に必要な人事制度を構築する】として農協で人事制度を構築する際のポイントを、第3部では【農協に必要な人材を育成する】として、支店長、副支店長、渉外担当者、営農指導員など農協らしい職員を育成する際のポイントをまとめています。

　本書が全国の農協の経営層、人事担当者にとって人事制度改革を検討する際の一助となれば筆者として望外の喜びです。

　なお、本書は過去に「農業協同組合経営実務」（全国共同出版）に連載した原稿を加筆・修正し、再編集したものです。

目 次

はじめに

第1部：人事制度改革が必要な理由

---

1. なぜ、現在、人事制度改革が必要なのか？ ……………………………… 12
 （1） 農協から離れる組合員の心
 （2） 農協を頼らない農家と指導には限界があると言い訳する農協職員
 （3） 高まらない危機感と変われない職員
 （4） 人事制度改革のタイミング

 コラム① 愚直な努力が得意な農協職員 ……………………………… 14

第2部：農協に必要な人事制度を構築する

---

2. 農協に必要な人事制度改革 ………………………………………… 16
 （1） 農協職員に求められる「専門性」と「農協らしさ」の両立
 （2） 「農協らしさ」の根源にある"農協人"という意識
 （3） 地域から「愛される」職員を育成する
 （4） 農協人こそが金利や価格を超える価値
 （5） 職員の成長を方向づける人事制度
 （6） 総合的な視点での人事制度設計

3. 「求められる職員像」を定義する …………………………………… 20
 （1） 人事制度設計の基本方針となる「求められる職員像」
 （2） 形骸化している「求められる職員像」
 （3） 「求められる職員像」に魂を入れる

 コラム② 「求められる職員像」は全職員が暗記する ……………… 22

4

4. 農協に必要な等級制度 ……………………………………………… 23

（1） 人事制度の骨格となる等級制度

（2） 等級制度設計のポイント

（3） 個々の農協にあった等級制度を設計する

5. 職員に求める役割・能力が明確な等級要件 …………………… 26

（1） 農協らしさを意識した「職能資格制度」

（2） 専門性を意思した「職能資格制度」と「職務等級制度」の併用

（3） 管理職に対する「役割等級制度」

6. 職員の多様なキャリア観を反映したキャリアパス（コース別人事） ‥ 30

（1） 職群内ローテーションを中心に専門性を強化

（2） 職員数による制約と求められる専門性の違いによる影響

（3） 専門性の高い職員を育成する専門職コース

（4） 一般職コースという働き方の選択肢

> **コラム③** 失敗しない一般職コースの導入方法 ……………………… 32

（5） 総合職からのコース転換

**補論① 職種別（渉外担当者、営農指導員）の
専門性を明確にするランク分け** ……………………………… 35

（1） 求められる専門性を明確にする

（2） 渉外担当者が成長を実感できる能力に応じたランク分け

> **コラム④** 疲弊する"共済の売り子"職員 ………………………… 37

（3） 営農指導員の成長過程が明確になるランク分け

> **コラム⑤** 慢心する"頼られているつもり"職員 …………………… 38

7. 農協に必要な人事評価制度 ………………………………………… 39

（1） 職員を育成し、成果をださせるための人事評価

（2） 人事評価制度設計のポイント

（3） 職員は評価されないことには取り組まない

（4） 「推進目標達成度＝評価」ではない

8. 職員の組合に対する貢献を適切に評価 ·································· 42
　（1）　人事評価の基本要素は「成績」「能力」「姿勢」
　（2）　「成績評価」で組合業績にどの程度貢献したかを評価
　（3）　「能力評価」で等級要件に照らして職員の能力を評価
　（4）　「情意評価」で農協職員としての熱意や姿勢を評価

9. メリハリをつけた人事評価結果の処遇への反映 ····················· 49
　（1）　「短期的貢献」と「長期的貢献」に分けて処遇に反映
　（2）　農協職員としてふさわしくない職員には相応の処遇

10. 職員の能力（人事評価）にもとづく昇格・降格の実施 ·············· 51
　（1）　能力のない職員は昇格しない昇格基準
　（2）　人事評価にもとづく降格の実施

11. フィードバックは人材育成のための評価の絶対条件 ·················· 52
　（1）　フィードバックがないと評価を受け入れられない
　（2）　フィードバックのポイントは日々の観察・記録
　（3）　フィードバックできない管理職は昇格・昇給させない

⟨補論②⟩ 管理職への昇格要件としての360度評価 ···························· 54
　（1）　管理職になってつまずく優秀な職員
　（2）　管理職の成長を阻害するフィードバックの不足
　（3）　問題を自分のこととして受け止めるための『360度評価』
　（4）　『360度評価』で管理職としての資質が浮き彫りになる
　（5）　『360度評価』によって得られる気づき（成長の機会）
　（6）　予想される抵抗（やりたくない言い訳）に向き合う
　（7）　まとめ

12. 農協に必要な報酬制度 ·· 63
　（1）　組合への貢献に応じた納得感のある報酬制度
　（2）　報酬制度設計のポイント
　（3）　報酬制度を通して人事・人材に関する考えを職員に発信する

13. 年齢よりも役割や能力を重視した報酬構成 ·························· 65
　（1）　年齢給の昇給は40歳まで
　（2）　成長段階や期待役割に応じた報酬構成

14. 等級間の重複幅を最低限に抑えた賃金テーブルの設計·················· 68
- （1） 管理職になりたいと思える報酬設計
- （2） 期待の高まり（能力伸長）に対する昇給額の設計
- （3） 昇格意欲を喚起する職能給のテーブル設計

15. 新制度への移行に対する激変緩和措置を検討する·················· 70
- （1） 制度移行時には調整給を支給する

第3部：農協に必要な人材を育成する

16. 農協に必要な人材育成制度······················· 72
- （1） 農協人を育成するための人材育成制度
- （2） 農協らしさを基礎にする農協職員の「教育研修」

職種別人材育成方法①　支店長の育て方

17. 農協らしい支店長を育成する······················· 76
- （1） 農協の課題は「支店長」という意見
- （2） 昇進によって変化する期待される役割
- （3） 支店長に期待される六つの役割
- （4） 当たり前のことができていない支店長の実態
- （5） 支店長の「意識」には大きな差
- （6） 「能力」の不足に真摯に向き合う姿勢
- （7） 支店長に求められるのは「人間力」
- （8） できない支店長は言い訳が多い
- （9） 自己改革実践のキーマンは支店長という意識
- （10） 大切なのは組合全体で改革を志向すること

> **職種別人材育成方法②　副支店長の育て方**

18. 農協らしい副支店長（ナンバー2）を育成する ························· 87

（1）　ナンバー2として機能していない副支店長

（2）　副支店長としての役割を理解していない

（3）　後ろ向きな副支店長のキャリア観

（4）　担当者としての業務で余裕がない現状

（5）　副支店長は配下職員から"役職者"として見られる

（6）　副支店長に求められるナンバー2意識

（7）　支店運営の潤滑油になることはすべての副支店長の重要な役割

（8）　支店長の考えを支店に浸透させる

（9）　意思決定に必要な情報を支店長に集める

（10）　支店長を中心に支店を団結させる

（11）　強い支店にはできるナンバー2がいる

> **職種別人材育成方法③　渉外担当者の育て方**

19. 農協らしい渉外担当者を育成する ································· 93

（1）　農協の未来を左右する渉外担当者の育成方法

（2）　視野狭窄に陥った支店長が渉外担当者を勘違いさせる

（3）　渉外担当者を"卒業"の対象とすると渉外活動の本質を見失う

（4）　推進目標をなくすと"やりがい"が消える

（5）　農協の仕組みが数字にしか興味がない渉外担当者をつくる

（6）　農協内の渉外担当者の位置づけを変える

（7）　渉外→内勤→渉外は優れた"農協人"の証

（8）　渉外担当者を放りだしても成長しない

（9）　（落とし穴①）新人教育の不足で渉外担当者がつまずく

（10）　（解決策①）新人には「考え方」「回り方」「接し方」を教える

（11）　（落とし穴②）「昨年と同じ」という停滞感に渉外担当者がつまずく

（12）（解決策②-1）渉外担当者が成長を実感できる能力に応じたランク分け

（13）（解決策②-2）累積契約額を処遇に反映する

（14）（落とし穴③）「どうせ無理」という焦燥感に渉外担当者がつまずく

（15）（解決策③）能力に応じた目標設定で勝ち癖をつける

（16）（落とし穴④）「組合員のためではない」という罪悪感に渉外担当者がつまずく

（17）（解決策④-1）組合員が満足した結果としての契約のみを評価する

（18）（解決策④-2）推進実績とは別に渉外担当者の能力を評価する

（19）対処療法の積み重ねでは問題解決できない

職種別人材育成方法④ 営農指導員の育て方

20. 農家から信頼される営農指導員を育成する・・・・・・・・・・・・・・・・・・・・・・・・・・・・・106

（1）営農指導員が育ちにくい農協のキャリアパス

（2）信用事業・共済事業を中心とした短期でのローテーション

（3）農協から流出する営農指導のスペシャリスト

（4）営農指導員を適正に評価できる人事制度への転換

（5）営農指導員に"安心感"を与え成長意欲を高める「専門職コース」

（6）営農指導員に"やりがい"を与える「等級」「人事評価」「報酬」の仕組み

（7）能力・適性の見極め期間を経てコースを選択させる

（8）コース転換による抜け穴的昇格を防止する

（9）失敗する専門職コースの共通点

（10）自己改革のカギを握る営農指導員の育成

おわりに ・・・114

第1部

人事制度改革が
必要な理由

なぜ、現在、人事制度改革が必要なのか？

（1）農協から離れる組合員の心

　　全国の農協において組合員と農協職員との人間関係の希薄化が問題視されています。特に農協職員の意識が「組合員のため」から「ノルマ達成のため」に変化すると、組合員はその意識の変化を敏感に感じ取ります。最初は、長い付き合いがある農協との関係だからという理由で渉外担当者のお願いに応じることもあるでしょう。

　　しかし、キャンペーンのたびに推進にくる、それも、普段は自分の話を聞きもしないのに、今これがキャンペーン中だという理由だけですすめてくる。そのような渉外担当者を見て組合員はどのように感じるでしょうか。

　　今では、組合員との接点は推進の場面だけという農協職員も少なくありません。このような関係では組合員と農協職員との間に親密な人間関係を構築することなど望むべくもなく、徐々に組合員の心が農協から離れていってしまいます。

　　全国の農協に訪問して若年の農協職員と話をしていると、組合員と農協職員との人間関係が希薄化し、農協の強みが失われている現状に対して"問題"と感じていないことに危機感さえ覚えます。

（2）農協に頼らない農家と指導には限界があると言い訳する農協職員

　　信用事業、共済事業のローテーションの影響で優秀な営農指導員が、営農事業から信用事業、共済事業に異動になるなど、腰を据えて地域農業と向き合って指導できる職員が育ちにくくなっています。なかには、事業利益優先で優秀な職員を率先して渉外担当者に配置している農協もあり、農家の営農指導に対する満足度が低下しています。

　　販売高が1,000万円以上の経営体農家になると、単なる病害虫対策ではなく農業経営に対する支援を期待しており、農協職員が勘と経験だけで対応できるレベルではありません。

　　このような経営体農家からの期待に十分に応えることができずに、結

果として経営体農家が農協から離れていくと、あたかも農協から離れていった農家が悪いというような意識になっています。なかには、「プロの農家に対して素人の農協職員が指導できない」と言い訳する職員もおり、農協内部に営農指導のプロが育っていないのが実態です。

（3）高まらない危機感と変われない職員

　政府から農協改革集中推進期間として改革の期限（2019年5月末）を提示され、残された期間はたいへん短いにもかかわらず依然として現場で改革に向けた危機意識を感じることはほとんどありません。実際に、農協職員にインタビューしても、改革と言われてもピンとこないというのが本音であり、改革というのは経営層の話、もしくは連合会の話と考え、自分のこととして捉えることができていない職員が少なくありません。
　しかし、それをすべて職員の意識が低いからと片づけることはできません。なぜ職員がそのような意識になるかといえば、組合が職員に対して、改革のような長期的な取組みではなく、目の前の業務に集中してほしいと指示しているからです。

（4）人事制度改革のタイミング

　組合が職員の何を評価して、何に対して報酬を支給するのか、また、どのような職員が昇格するのかをみて、職員は組合が"職員に何を求めているのか"を理解します。そのため、人事制度が職員に対して短期的な業績貢献を強く求めているのであれば、職員は短期的な業績貢献のために行動します。
　その意味で、農協職員が「変われない」と批判されているのは農協の人事制度が職員に変わることを求めていないことが原因の一つになっています。これから始まる農協の自己改革がこれまでの延長線上にない変化を職員に求めるのであれば、人事制度もこれまでの職員を育成してきた制度とは異なる制度が必要になって当然です。
　組合が目指す自己改革を職員に実践してもらうためには、人事制度改革を通して組合が「職員に対して求める役割や能力が変わった」ということを明確に発信しなければなりません。

コラム① 愚直な努力が得意な農協職員

全国の農協で役員と意見交換すると、総じて「農協職員はまじめで言われたことはしっかりとやりきる」と職員を評価しています。実際に、農協職員は定期貯金でも、共済でもノルマを与えられれば絶対達成の意識で行動します。家の光や農業新聞の定期購読など、職員自身が推進に対して必ずしも納得していない場合でもノルマを与えられれば達成に向けて行動します。

この農協職員のまじめさは農協の強みであるとともに危うさも持っています。渉外担当者とお話させていただくと「ノルマは与えられるものであり、自分たちは達成に向けて行動するだけ」という意識を強く感じます。ノルマを達成するという意識は必要です。しかし、それだけを意識して単なる作業者になり、考えることを放棄してしまっては、激化する競争環境のなかでさらに農協を成長させていくことはできません。

第2部

農協に必要な
人事制度を構築する

2 農協に必要な人事制度改革

(1) 農協職員に求められる「専門性」と「農協らしさ」の両立

　　現在の農協に必要なのは、単に共済推進や融資推進ができる「専門性」を持った職員を育成することではなく、各事業における「専門性」と「農協らしさ」をバランスよく発揮できる職員を育成することです。全国の農協でお話を伺うと、事業利益が比較的大きな農協（大規模農協）では役員の皆さんから「若年職員を中心に職員意識が金融機関化しており、農協らしさがなくなっている。」「渉外担当者に農業のことを聞いても答えられないし、関心もない。」など職員の総合事業への意識（「農協らしさ」）に対する悩みを多く聞きます。一方で、事業利益が比較的小さな農協（小規模農協）では「職員が組合員の求める専門的な要求に応えられない。」というような職員の「専門性」に対する悩みを聞きます。

　　しかし、大規模農協であっても職員に求められているのは単なる専門知識ではありません。そもそも、農協が銀行のまねごとをしても中途半端な専門家が育成されるだけで農協の競争力を強化する人材は育ちません。一方で、小規模農協でも単に親しみやすいだけの職員では激しさを増す競争環境を勝ち抜くことはできません。農協がその強みを発揮して地域から必要とされる組織であり続けるためには、組合員から信頼される「専門性」と農を軸に組合員と関係が構築できる「農協らしさ」を両立できる職員を育成することが不可欠です。

(2)「農協らしさ」の根源にある"農協人"という意識

　　農協が地域活性化の主役として機能するためには、農協職員は単なる"金融人"、共済の"営業人"では務まりません。各事業における専門性を有するだけではなく、農協の総合事業を理解し、組合員と良好な人間関係が構築できる"農協人"であることが求められます。

　　農協が地域金融機関として地域活性化を支えるためには、農協職員が地域から信頼され「相談される」存在でなければなりません。資金の貸し手（貯金者）は自己資金の有効活用（運用）について農協職員に相談

16

し、資金の借り手は融資について農協職員に相談するという関係を構築し、農協職員が資金の貸し手と借り手の架け橋になる必要があります。

さらに、農協は単なる資金の貸し手、借り手という存在ではなく、地域農業を活性化させる主体として生産者や消費者から「期待される」存在でなければなりません。生産者が農協（職員）に期待して自らの農畜産物の販売を農協に委託し、消費者は農協（職員）の提供する安全・安心な農畜産物に期待して農協ブランドの農畜産物を購入するという関係を構築し、農畜産物の生産者と消費者の架け橋になるという重要な使命を農協職員が常に意識しなければなりません。

（3）地域から「愛される」職員を育成する

農協が安定した成長を実現していくためには、農協職員が地域から「愛される」存在でなければなりません。組合員は競合企業等と取引した場合と農協と取引した場合との損得を厳密に比較することなく、農協の○○さんと取引しているのです。農協が人と人とのつながりを事業の基盤とする以上、職員こそが最重要な差別化要素であり、職員の周りに人が集まることで事業が拡大していくのです。職員に求められているのは、単なる専門家としての知識ではなく、地域から愛される人間力です。

競合企業等との競争が激しくなるにつれて、多くの農協では各事業の専門性を有する職員の育成を目指すようになっています。特に信用事業、共済事業においてこの傾向が強く、競合企業等と同じ土俵に立って勝負しようとしています。もちろん、各事業において組合員から信頼される専門性を有することは不可欠です。しかし、総合事業を営む農協が競合企業等と同質の人材を育成することを目指してしまっては、専業の競合企業等を上回る専門人材を育成することは困難です。農協には農協の勝ち方があり、必要となる人材は競合企業等とは異なります。職員には最低限の専門知識と競合企業等とは差別化された「農協らしさ」が求められているのです。

（4）農協人こそが金利や価格を超える価値

農協職員が組合員とお茶を飲み、ご飯を食べ、家族のような存在として受け入れられていた時代もありました。このような時代には人間関係が金利や価格を超える付加価値として組合員から認められていたので

す。まさに「農協らしい」事業展開を実践していたといえます。

　もし競合企業等と金利や価格で競争する場合には、いかに原価（コスト）を抑えるかが戦略課題になります。金利や価格を低くしても採算が合うように原価（コスト）を低くするという考えです。しかし、このように考えるとブランド力、知名度で勝るメガバンクは渉外担当者が個別に訪問しなくても預金は集まってくる分だけ原価（コスト）を低く抑えることができ最も有利な立場にいるといえます。一方で、農協は集金や渉外活動に多くの職員を配置し、高い人件費を投じて貯金を集めており不利な立場にいるといえます。

　農協が集金や渉外活動に職員を投入しているのは、職員が組合員との人間関係を通して金利や価格を超越した価値を提供できるからであり、職員一人ひとりが金利や価格以上の付加価値を組合員に提供しなければなりません。

（5）職員の成長を方向づける人事制度

　職員が金利や価格を超える価値のある人財となるのか、単なる営業マンとして数字を追い求めるのか、各農協の「人事制度」が職員の意識に重大な影響を与えます。職員は自らの人事評価に対しては敏感であり、何をすれば評価が高くなるのかを意識せずに仕事をしている職員はいません。職員にとっては、役員が話す農協の使命よりも、自分の給与に影響を与える人事評価のほうが優先順位の高い課題なのです。

　たとえば、次世代対策や組合員の囲い込みを重点課題に掲げていても、評価されるのが共済推進の数字だけであれば時間のかかる次世代対策はおざなりになり、より数字に直結する既存の契約者に対するお願いに時間を割くでしょう。また、共済推進中心の人事評価が実施されている組織で、どれだけ地域農業に対して関心を持つように話しても、職員は地域農業を理解するよりも共済商品を理解することに時間を使うはずです。

（6）総合的な視点での人事制度設計

　人事制度設計において大切なことは、職員が等級制度をみて自分に期待されている能力や経験を理解できること、現在の自分がどの程度その期待に応えているのかを人事評価のフィードバックによってわかること、自分のがんばりに対する組合からの評価を報酬で実感できることで

す。このように「等級制度」「人事評価制度」「報酬制度」が一体となって機能することで、組合の期待する方向へ職員の成長意欲を方向づけることができます。

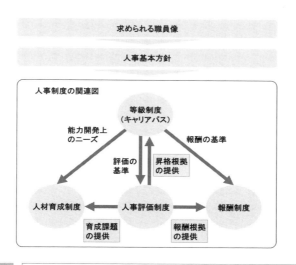

等級制度(キャリアパス)	■ 人事評価・報酬・育成の基礎となる人材管理の基本的枠組みです ■ 組合として職員に期待する事項（能力、職務内容、役割など）を明示し、それにもとづくキャリアパスを提示するとともに、人事評価・報酬の基準や能力開発ニーズを提示する機能を持ちます
人事評価制度	■ 組合が期待する事項に対して、職員個々人がどの程度それに応えているのかを測定し、報酬・昇格（等級改定）、配置、能力開発につなげる仕組みです ■ 人事評価の項目・基準を具体的に定義・明示したものであり、職員に対して組合が期待する事項をより明確に伝える重要なメッセージとしての機能を持ちます
報酬制度	■ 等級制度および人事評価制度から提供された基準・根拠に基づき、報酬を支給する仕組みです ■ 職員の基本的な生活を保障するとともに、貢献度合いに対する認知や気づきを与える機能を持ちます
人材育成制度	■ 等級制度および人事評価制度から提供された育成課題に対して、自己開発の場や機会を組合として提供する仕組みです ■ 職員自身の主体的な学習・能力開発を促す機能を持ちます

人事制度設計の全体像

3 「求められる職員像」を定義する

(1) 人事制度設計の基本方針となる「求められる職員像」

人事制度の検討を始めると「等級制度」「人事評価制度」「報酬制度」などの基幹となる制度に関する議論を意識しがちですが、まずは農協としてどのような人材が必要なのか「求められる職員像」を明確にしなければなりません。人事制度はこの「求められる職員像」を起点にして構築されるべきものです。なぜなら、人事制度は「求められる職員像」に合致した職員を育成するための手段として存在するものだからです。

(2) 形骸化している「求められる職員像」

現在、多くの農協において「求められる職員像」が作成されていますが、有効に機能している農協はほとんどありません。中央会による標準的な雛形がそのまま採用されているだけの農協も多く、各農協が自らの職員に対して何を求めているのかが「求められる職員像」として表現されているとはいえません。残念ながら「求められる職員像」は中央会の指導方針に沿って"作成することが目的"となり、職員に対する周知・徹底はおざなりになっています。

(3)「求められる職員像」に魂を入れる

「求められる職員像」はお題目やスローガンではなく、組合にとっての重要な価値観の一つです。そのため、トップダウンで明確な意志を示すべきです。経営層の口から「我々は、こういう組合になりたい。だから、こういう職員が必要なのだ」と職員に対して力強く発信してもらいたいと思います。

「求められる職員像」が職員にとってのキャリア形成の道標となり、組合のビジョンや経営方針を実現するために必要となる人材の自律的な成長を後押しします。

①組合のビジョン実現に必要な職員

「求められる職員像」は組合のビジョンや経営方針の実現に必要な職員像でなければなりません。どれだけきれいな言葉で「求められる職員像」をまとめても組合のビジョンや経営方針に合致しないものは形骸化します。

だからこそ、中央会の指導方針にあるような最大公約数の「求められる職員像」では機能せず、組合として必要とする職員を「求められる職員像」としてまとめなければなりません。

②組合員が農協を利用する理由になる職員

人と人とのつながりこそが農協事業の本質であり、「求められる職員像」とは農協経営にとって必要な職員であるとともに、組合員にとって信頼に値する職員でなければ受け入れられません。

組合員の声と真摯に向き合い、この職員がいるから農協を利用するのだと組合員から言ってもらえる職員を「求められる職員像」としてまとめなければなりません。

③職員が共感できる職員

「求められる職員像」は職員にとっての将来の姿であり、職員がこうなりたい（こうなるべき）と思える職員像でなければなりません。

農協経営にとって必要な職員であっても、職員自身がこうなりたい（こうなるべき）だと思わない限り、「求められる職員像」を強制することはできません。「求められる職員像」とはトップダウンで示すべきものです。しかし、職員の共感を得られなければ単なるスローガンです。

第2部 農協に必要な人事制度を構築する **21**

コラム② 「求められる職員像」は全職員が暗記する

　「求められる職員像」は全職員が朝礼や研修などのたびに復唱し、必ず暗記すべきものです。なかには、「求められる職員像」を知らなくても実践できているので問題ないという人もいます。しかし、無意識でできていることと、覚えて理解することとの間には大きな違いがあります。

　無意識でできていることに再現性はなく、それを他人に教えることもできません。職員の仕事に対する意識が多様化するなかで、次世代の職員が自分の背中を見て育ってほしいという管理職の希望は叶いません。しっかりと言葉で成長の方向性を示す必要があり、職員の成長の方向性が定められている「求められる職員像」を暗記することが必要です。

4 農協に必要な等級制度

（1）人事制度の骨格となる等級制度

　　等級制度とは、職員をその能力や職務などによって格付け（序列化）して業務遂行のための権限や責任を与える仕組みです。等級制度は人事制度の骨格となるものであり、組合として職員に期待する事項（能力、職務内容、役割など）を明示し、それにもとづくキャリアパスを提示するとともに、人事評価・報酬の基準や能力開発ニーズを提示する機能を持ちます。

　　人事制度の運用においては、等級を基準として能力や組合への貢献度を評価し、その評価に応じた処遇（昇給、昇格、賞与）を行うことで、職員にとって納得感の高い公正な処遇を実現します。

（2）等級制度設計のポイント

　　等級制度の設計において重要になるのは、職員が等級制度を活用することで自らの成長過程を具体的にイメージできるということです。そのために、職員に期待する役割・能力とその成長段階を等級のステップアップに合わせて定めることが必要です。

【等級制度はここを決める！】

①職員を格付けする最適な基準を決める

　　役割、能力、職務など職員を格付けするのにふさわしい基準を決めることが必要です。そのうえで、上位等級者は下位等級者よりも重要な役割、高度な能力、複雑な職務を期待されるなど等級間の違い（序列）が明確になるように等級要件を定義します。

②職員に与えるキャリアの選択肢（総合職、一般職、専門職など）を決める

　　多様化する職員の働き方に対する価値観や職員に対して求める専門性の高さに応じて複線型人事制度の導入を検討します。

第2部　農協に必要な人事制度を構築する　**23**

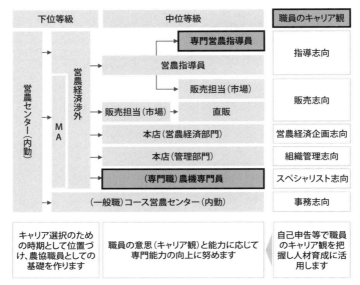

営農経済系のキャリアパス（例）

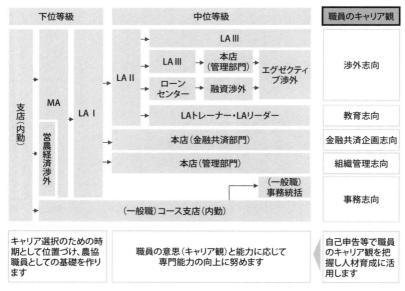

金融共済系のキャリアパス（例）(*1)

*1. 渉外ランクについては、P35・36を参照して下さい。

（3）個々の農協にあった等級制度を設計する

　すべての農協にとって唯一の等級制度があるわけではなく、各農協の
ビジョンや戦略、さらには置かれた環境によって理想的な等級制度は異
なります。等級制度の設計において意識すべきことは、求められる職員
となるための具体的な成長過程が等級によって職員に示されるようにす
ることです。

　職員に求める能力が「専門性」であっても「農協らしさ」であっても、
いずれにしても職員が等級要件に照らして自身の能力の不足を判断し、
次の等級に進むために何をしなければならないかを考えることができる
ような等級制度を設計しなければなりません。

5 職員に求める役割・能力が明確な等級要件

(1) 農協らしさを意識した「職能資格制度」

　農協事業全般にわたる幅広い知識を持ち組合員から相談される職員を育成するためには、各事業に共通した能力（農協らしさ）の育成に適した「職能資格制度」が理想的です。具体的には、所属する事業に関わらず、農協人としての基礎能力の伸長を具体的に等級要件として設定します。

　下位等級では「理解力」「表現力」「学習力」といった基礎能力の習得を重視します。中堅等級は「判断力」「調整・折衝力」「指導力」という組合員と接点を持つ主体として求められる能力の習得を重視します。そのうえで、上位等級は「決断力」「統率力」「育成力」という管理者としてのマネジメント能力の習得を重視します。

　上記のような基礎能力がベースにあることで、農協の職員はどの事業に配属されたとしても専門知識を学習することによって組合員の期待に応えることができます。そこで、昇格要件を検討する際には、等級要件

職層	等級	役職名	在級年数	人事評価	資格	職務経験	上司推薦	論文試験	担当役員面接
管理職層	9等級	部長	—	一定水準以上の評価結果を複数年継続している		—	—	—	—
	8等級	課長	4年			部署統括経験(2年)	担当役員	○	○
	7等級	課長代理	4年		・個人情報取扱主任者	融資経験(2年)	担当役員	○	○
指導職層	6等級	係長	4年		・農協職員資格認証試験上級 ・内部管理責任者 ・毒劇物取扱責任者【営農・生活職群の職員】	渉外経験(2年)	部長		
	5等級	主査	4年		・農協職員資格認証試験中級 ・AFP【信用・共済職群の職員】 ・営農指導員【営農・生活職群の職員】		部長		
	4等級		4年		・農協職員資格認証試験初級 ・一種外務員資格		課長		
一般職層	3等級		5年		・二種外務員資格 ・日本農業検定3級 ・信用事業基礎検定 ・簿記3級 ・食品衛生責任者【営農・生活職群の職員】		課長		
	2等級		2年						
	1等級		2年						

昇格要件（例）

に定められた基礎能力に加えて、資格取得や職務経験など各事業において求められる専門知識の習得を等級に応じて必須とするなどの工夫が必要です。

（2）専門性を意識した「職能資格制度」と「職務等級制度」の併用

　複数事業にまたがるローテーションを前提にしながら、高度化・多様化する組合員の期待に応えられる専門性を有する職員を育成するためには、各職員が持つ能力に応じて等級を定め、各事業に共通した能力（農協らしさ）の育成に適した「職能資格制度」と、職務の中身や難易度に応じて等級を定め、特定事業に求められる専門能力（専門性）の育成に適した「職務等級制度」を併用することも有効です。具体的には、等級に応じて職員に求められる能力の違いを意識して、各事業に共通する能力と特定事業に求められる能力とをバランスよく等級要件として設定します。

　下位等級については、職能資格制度を採用し各事業共通の能力を等級要件とすることで、若いうちにローテーションによって総合事業を経験させることができるようにするとともに、所属部門に関わらず能力を発揮できる農協人としての土台を形成します。

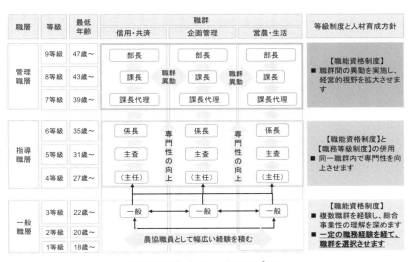

職群区分とキャリアパス

中堅等級については、組合員と接点を持つ主体として各事業における比較的高い専門性が求められます。そこで、職能資格制度と職務等級制度を併用し、各事業の各等級に求められる専門性の高い能力を等級要件とすることで各事業の専門家を育成します。

　そのうえで、上位等級については、経営者目線をもった職員を育成するために職能資格制度を採用し、複数事業にまたがるローテーションを前提に各事業共通の管理能力を等級要件とします。

（3）管理職に対する「役割等級制度」

　管理職については、与えられた役割を適切に遂行することが求められるため、等級と役割（役職位）とが連動した役割等級制度が有効です。具体的には、部長、次長、課長などの役職位と等級とを一対一で対応させ、各職員に対して役職位者としての役割や責任を動機づけします。なお、役職位のない職員に導入する場合には、各職員の役割が不明確であり等級要件（役割定義）があいまいになりがちです。また、等級に関連付けて役割を定義するため、様々な業務を経験して農協職員としての幅広い知識や能力を伸長させることがおざなりになりやすいため注意が必要です。

　職能資格制度のもとになる職務遂行能力は経験を積み重ねることによって向上するものと考えられているため、勤続年数・年齢に対応して等級が上がっていく（年功序列）性格が強くなります。一方で、役割等級制度では、勤続年数や年齢に関係なく各職員に期待される役割の難易度や期待度に応じて格付けすることが可能になるとともに、期待する役割を果たしていないと判断すれば降格・降給もできます。降職しても管理職等級にとどまっているために賃金水準が高止まりしていると悩む農協では、役割等級制度のもと役割を果たしていない管理職を降格・降給して総額人件費を抑制することもできます。

　しかし、すでに役職位に就いている職員の降格をためらう場合には、能力不足の管理職を現職にとどまらせることになるだけではなく、ポスト不足を助長し、優秀な若手を抜擢することが困難になります。

	職能資格制度	職務等級制度	役割等級制度
内容	■ 職員の職務遂行能力の高さにより等級を区分します	■ 職員が従事する職務の内容により等級を区分します	■ 役割の難易度、責任の重さにより等級を区分します
メリット	■ 能力アップと等級アップとを結びつける制度であり職員の成長意欲を喚起しやすいです ■ ポスト不足になっても等級が下がらないため職員に安心感があります	■ 職務と賃金が合っているので合理的です ■ 限られた職務を追求し、高度化することができるため、専門家の育成に適しています	■ 役割と賃金が合っているので合理的です ■ 仕事を役割として広く捉えることで業務に柔軟に対応できます
デメリット	■ 能力は目に見えにくいため、一定年数経験していれば能力が高まったと判断されて昇格していくことで、年功的な運用になる可能性があります	■ 人事異動に制約がかかるため、小規模組織ではローテーションに支障が出る可能性があります	■ 職員に自律性がない場合、自ら役割を柔軟に捉えることをせずに、与えられた役割をこなすだけになる可能性があります
評価のしやすさ	■ 職務遂行能力は職種を問わず共通しているため、業務の違いに関わらず一律の基準で評価することができます（ここでの能力とは、思考力や行動などを指します） ■ 能力を保有していても発揮する機会がなかった職員の評価が難しいです	■ 職務内容を明確に定義することができれば評価しやすいです ■ 新しい職務ができたり、職務内容が変化したときに職務内容や評価項目を作成しなければなりません	■ 役職に就いている職員は役職と役割が連動するため、役割の遂行状況が目に見えやすいです ■ 役職に就いていない職員は役割の確定が難しく、設定した役割と業務が一致しない場合、評価が難しいです
運用上の注意	■ 降職した場合でも、役職のポストがないだけで能力は保有していると考えるため、職員の等級は下がらないことから、総額人件費が抑えにくいです	■ 様々な業務を担うことが多い日本企業では職務の切り分けが難しいと言われています	■ 役職のポストがない場合は降格になるため、すでに役職に就いている職員の降格をためらう場合、抜擢人事が起こりにくいです

各等級制度のメリット・デメリット

職員の多様なキャリア観を反映したキャリアパス（コース別人事）

（1）職群内ローテーションを中心に専門性を強化

　各事業における専門家の育成は、複数事業にまたがるローテーションを頻繁に繰り返していてはできません。自らのキャリアを選択したうえで、特定の事業における知識や経験を蓄積することが重要です。特に中堅等級の職員は、組合員と接点を持つ主体として比較的高い専門性が求められ、同一職群内でのローテーションによって特定の事業のなかで縦方向にキャリア形成をすることが理想的です。

　組合員からの職員の専門性に対する期待に応えるためには、複数事業にまたがるローテーションによって個々の職員が多様な知識を習得するのではなく、特定事業の専門家として職員を育成することが必要です。そして、専門性の高い職員が積極的に事業間連携することで総合事業としての強みを発揮します。

（2）職員数による制約と求められる専門性の違いによる影響

　職群内でのローテーションによって職員の専門性を伸ばすことが理想的だとしても、職員数が少ない農協では職員の異動を職群内でのローテーションによって完結することに限界があります。たとえば、経済事業に所属する職員が30人程度という農協では複数事業にまたがるローテーションを実施せざるを得ません。そのため、職員には特定の事業に求められる専門能力ではなく、他事業に異動しても発揮できる共通能力が求められます。

　また、比較的小規模な地方の農協では組合員からの職員に対する期待も、特定の事業における高度な専門知識よりも、農協事業全般にわたる多様な知識にあることも少なくありません。このような場合には各事業に求められる専門性を習得できるように設計された等級制度よりも、複数事業にまたがるローテーションを前提に農協人として基礎能力を習得できるように設計された等級制度のほうが適しています。

（3）専門性の高い職員を育成する専門職コース

　　農協には高い専門性がなければ職務を遂行できない農機、畜産、土壌分析などの特殊な業務が存在しており、農協人としての基礎能力を重視して等級要件を設定する場合には別途配慮が必要になります。たとえば、営農指導員は農家にとって頼れる存在でなければならず、専業農家とも対等に議論し、指導できるだけの専門性が求められ、基礎能力だけでは組合員の期待に応えることはできません。

　　しかし、多くの農協では営農指導員に対して専業農家と対等に議論できるような専門性までは求めておらず、営農指導員が肥料・農薬にくわしい職員と考えられていればよいほうで、単なる作業員、肥料・農薬の注文係と考えられている場合も少なくありません。本来は高い専門性の発揮が求められている営農指導員に農協人としての基礎能力だけ身に付けさせても、農業者の所得向上や農業生産の拡大に主体的に関わっていくことができません。

　　専業農家と対等に議論できるだけの専門性を3年ごとのローテーションのなかで身に付けることは困難であり、営農指導員など専門職コースの職員はスペシャリストとしてその他の職種と区別してローテーションさせることも検討しなければなりません。この場合、等級制度も特定事業でのスペシャリストとしての成長過程が明確になるように各等級において求められる仕事内容を「職務等級」として設定することが専門家としての成長意欲を喚起するためには有効です。

（4）一般職コースという働き方の選択肢

　　渉外を経験せずに、本店事務、支店事務など事務の習熟を目指す働き方を希望する職員のためのキャリアパス（コース）です。職員の中には管理職になることを目指しておらず、目の前の事務を処理することにやりがいを感じる職員もいます。また、その多くは、渉外として外にでることを望まず、内勤の事務員としてのキャリアを希望します。

　　このようなキャリア志向を持った職員を無理に渉外担当者にローテーションさせてしまうとモチベーションの急激な低下につながり、辞めてしまうおそれがあります。この場合には、事務のスペシャリストとしてのキャリアを認め、熟練度の高い実務者として育成します。

コース	経営層を補佐する 総合職コース	高度な専門性を発揮する 専門職コース	実務の熟練度が高い 一般職コース
最終到達役職	部長	課長代理	係長

管理職層	9等級	部長として 戦略立案・組織統率に尽力する		
	8等級	支店長、課長として 経営に手腕を発揮する		
	7等級	課長代理として組合経営を支える	特定分野のスペシャリストとして専門性を高める	
指導職層	6等級	本店・支店勤務を重ねて 組織運営を学ぶ		本店事務、支店事務、センター事務など実務の習熟を目指す
	5等級	一般職で培った幅広い知識を駆使しつつ、専門知識の蓄積に努めて組合員との強固な信頼関係を構築する		
	4等級			
一般職層	3等級	支店・センター・各店舗において金融共済・営農経済に関する幅広い知識習得と経験を積む		
	2等級			
	1等級			

コース別人事制度（例）

コラム③　失敗しない一般職コースの導入方法

　一般職コースを導入している農協の多くが職員の働き方の多様性を認めるのではなく、総額人件費の低減を目的としているため、導入後の一般職のモチベーション低下に悩んでいます。このような農協は、一般職の定義があいまいであり、いつの間にか「一般職は仕事が限定されている」から「一般職は頑張らなくても良い」というような誤った意識が職員に植えつけられています。そのため、「一般職だから」という理由で、周囲は忙しいのに全く残業することもなく帰宅していく職員がいたり、パートや契約職員と同じ意識で業績貢献に無関心であったり、渉外担当者に対し非協力的になったりする職員がいたりするなど、一般職が「考えない職員」「意識の低い職員」になってしまっています。

　一般職コースを導入する場合には、必ず導入時に働き方や報酬水準の違いを職員に十分に理解させることが必要です。一般職が総合職と比較して能力が低い職員とか、意識が低い職員であるという誤解を与

えてはいけません。一般職は、定型的業務に習熟し、窓口業務や事務的業務等を中心に担当業務に関する高い能力を発揮して農協の業務を支える職員であり、一般職としての働き方を選択した職員です。

（一般職としての働き方）（例）
　・定型的な業務に従事し、上位等級は一部の指導・監督業務を担う
　・総合職よりも昇格が早くストップする（等級数が少ない）
　・総合職よりも報酬水準が低い
　・働く時間は限定されない（残業あり）
　・働く地域が限定される

　一般職コースの設計においては、報酬水準の設計に注意が必要です。一般職コースへのコース転換を促すために総合職コースの報酬水準と差をつけない設計にすると、総合職の職員が「一般職は大変なことをしていないのに報酬水準が高い」という不満を持つようになります。一方で、総合職コースの報酬水準と明確に差をつけた設計にすると、総合職の働き方によっては一般職の職員が「総合職と同じ仕事をやらされているにも関わらず報酬水準が低い」と不満を持つようになります。特に総合職を選択したにも関わらず渉外担当者になることを拒否し、農協側もそれを受け入れているような場合に一般職の不満が高まります。
　このような不満はキャリアの途中で一般職コースを選択した職員に顕著にあらわれるため、総合職コースと一般職コースとは採用段階から分けておくことで緩和されます。

（5）総合職からのコース転換

　コース選択は職員の働き方（キャリア）に重大な影響を与えるものであり、職員一人ひとりが自身のキャリアと向き合って最適な働き方（キャリア）を選択できるように支援することが必要です。
　しかし、働き方の変更を伴うコース転換は、職員の希望で、いつでも、誰でも認められるものではありません。職員の多様なキャリア観を認め

つつ、組合として必要な職員を育成するために一定の制限を設けて、職員のコース転換を認めます。

①総合職コースから一般職コースへのコース転換

　　総合職コースから一般職コースへのコース転換は総合職コースの職員が①特別な事情により、総合職の業務に適さない状況になったことが条件です。そのうえで、②本人が転換を希望するとともに、③所属長の推薦が必要です。さらに、④転換後のコース適性が認められなければなりません。

　　コース転換後は、一般職コースの同一等級を基本に報酬水準を加味して移行先等級を決定します。ただし、総合職コースは一般職コースに比べて上位等級が設定されていることが多いため、一般職コースの最上位等級以上の等級（報酬水準）から移行する場合には、すべて一般職コースの最上位等級に移行します。

②総合職コースから専門職コースへのコース転換

　　総合職コースから専門職コースへのコース転換は①本人が転換を希望するとともに、②所属長の推薦が必要です。さらに、③転換後のコース適性が認められなければなりません。

　　コース転換後は、現在の職務にそれ以前の経験なども勘案し、専門職コースのどの等級に相当する能力を発揮できるのかを総合的に考慮して移行等級を決定します。その際、総合職コースと専門職コースでは、等級ごとに求められる能力が全く違うため、コース転換により専門職コースの最下位等級に下がることもあります。

職種別（渉外担当者、営農指導員）の専門性を明確にするランク分け

(1) 求められる専門性を明確にする

　農協らしい職員というのは、決して親しみやすいだけの「良い人」ではありません。高度化・多様化する組合員からの期待に応えるためには、各事業における専門性を身に付けなければなりません。そのため、等級要件は、職員が各事業の各等級に求められる専門性を具体的にイメージできるように設計することが必要になります。

　複数事業にまたがるローテーションを前提とする農協では、事業をまたぐローテーションのなかで自らに求められる専門性があいまいになり、組合員から専門家としての信頼を得られていないケースが少なくありません。等級要件として各事業の各等級において求められている専門性を明確に示し、職員に自身の専門性に対する不足を理解させなければ専門家としての成長意欲を喚起することはできません。

(2) 渉外担当者が成長を実感できる能力に応じたランク分け

　現在、多くの農協で採用している職能資格制度にもとづく等級制度では、4年～6年を標準滞留期間とする等級が設定されています。しかし、毎期リセットされる新規契約の獲得という"ノルマ"に対して、4年以上も繰り返し同じモチベーションで渉外活動を実施することはできません。

　渉外担当者のモチベーションを維持するには、より短期間で成長を実感できるように、各等級に求められる能力要件とは別に渉外担当者としての能力要件を「渉外ランク」として詳細に設計し、渉外担当者としてのキャリアパスを明確にすることが有効です。

　「渉外ランク」ごとに渉外担当者に求められる能力を定義することで、各渉外担当者の解決すべき課題や必要な支援が明確になり、本人の成長意欲を喚起するとともに支店長による適切な支援を促すことができます。渉外ランクを上げるために必要なことは能力であり、年数ではないことに注意が必要です。

【成長過程の渉外担当者（MA）】

　最初は、引き継いだ集金先の組合員に信頼して受け入れられることを目指します。組合員への訪問活動を繰り返し、日々のコミュニケーションを通して集金先の生活実態を把握するなど事業推進に必要な情報を収集するとともに関連する部署に情報をつなぎます。

【一人前の渉外担当者（LAⅠ）】

　組合員とのコミュニケーションを通して良好な人間関係を構築するとともに、共済の専門知識をもとに、共済に関する組合員の相談に応じることで、組合員に必要な共済を提案します。

【優秀な渉外担当者（LAⅡ）】

　共済契約を獲得するだけではなく、組合員に対するアフターフォローによって、親族や友人の紹介を受け、積極的な提案によって新規利用者の契約意欲を喚起することができます。

【他の渉外担当者の模範となるプレイングマネジャー（LAⅢ）】

　自身の実績獲得だけではなく、配下職員を指導・育成することでより大きな成果を実現します。さらに、自らのスキルを標準化し、勉強会などを通して支店（担当地域）全体の推進力の底上げに貢献します。

【農協事業全体を理解した農協を代表する渉外担当者（エグゼクティブ渉外）】

　渉外担当者としての実績に加えて、本店などでの勤務経験を経て農協事業全体を理解し、組合員の生活を守るという観点から事業の枠にとらわれることなく組合員に必要な提案をします。

| コラム④ | 疲弊する "共済の売り子" 職員 |

　数字しか目に入らなくなると渉外担当者は単なる "共済の売り子" になり、推進の意義・目的を見失います。特に新規契約額を重視する農協の文化のもとで、多くの渉外担当者が毎年、毎年、リセットされる数字に追われるという無限ループのなかで自らの成長を実感できずに停滞感に苛まれています。

　さらに、行き過ぎた目標達成志向は組合員のニーズを無視した、「お願い推進」「お付き合い推進」を助長し、なかには組合員の善意に甘え、客観的に見て不利な転換や過度な保障を推進しているケースもあるようです。その結果、契約獲得に対して達成感よりも罪悪感をおぼえる渉外担当者を生みだしています。

(3)営農指導員の成長過程が明確になるランク分け

　営農指導員に期待されている役割は、幅広い業務に精通し、農協事業全体を俯瞰して組織をマネジメントすることではありません。勘や経験に頼る農家に対して、土壌分析結果などを根拠に最適な肥料・農薬を提案したり、気候条件、生育状況にもとづいて必要な農作業を提案したりすることで農家の生産効率を高めることです。さらに、実需情報にもとづく作付け提案によって「売れるもの」を作り有利販売することも、農家と営農指導員との協同によって実現しなければなりません。

　このような営農指導員としての役割を「営農指導力」の一言でまとめてしまうと、営農指導員の成長の道標を明らかにすることはできません。その結果、成長に向けた十分な支援をすることができず、OJTと感覚による人事評価に頼ることになります。実際に、農協の現場で営農指導員と話をしていると "感覚" という言葉が頻繁に使われ、自分たちの専門知識・能力を言葉で表すのが難しいと言います。しかし、若い営農指導員を育成するためには、「背中を見て育ってこい」と言うだけではうまくいきません。ベテラン営農指導員の知識や経験を体系化し、その "感覚" を見える化することで若い営農指導員の成長の道標とすることが必要です。

【営農指導員　初級】

　若いころは徹底的に現場に出向かせ、御用聞きからはじめて汗をかくことで農家に受け入れられることが重要です。地元農家とのコミュニケーションを通して得られた知識に実需情報を組み合わせることで、兼業農家に対して直売所を核とした有利販売を勧め、多様な農家の営農活動を支援します。

【営農指導員　中級】

　営農指導員としての経験を蓄積するなかで、徐々に農業で生計を立てているプロ農家に対しても向き合えるように成長していきます。営農指導員として「品質の良い農産物を生産する」だけではなく、「売れる農産物を生産する」ことを支援することで農業者の所得向上に貢献します。

【営農指導員　上級】

　個々の農家に対する指導だけではなく、地元農家の思いをまとめたり、行政を含めた関係各所と連携したりすることによって担い手育成や農地保全に努めます。地域営農を支えるという自覚をもって、地域の農地を守りつつ、永続的に農家の暮らしを守ります。

コラム⑤　　慢心する "頼られているつもり" 職員

　農協の競争力の源泉である営農指導員の実態も営農指導のプロフェッショナルとして農家に頼られるのではなく、単に都合よく農家に使われ、会計や事務作業が本業になっていることも少なくありません。それでも、農家のために忙しく走り回っているのは事実であり、営農指導員にはそれなりの充実感があります。その結果、圃場にもいかずにパソコンに向かって営農指導員としての仕事をしている気になっている姿に不安を覚えます。

　農家のために会計や事務作業を率先してやることが悪いことだとは言いません。しかし、それで "頼られているつもり" になっている間に、競合のホームセンターなどでは営農指導員を充実させており、今では農協よりも肥料・農薬にくわしい専門家がいると農家に頼られているホームセンターも存在しています。

7 農協に必要な人事評価制度

(1)職員を育成し、成果をださせるための人事評価

弊法人が全国で実施している評価者訓練において、評価者の皆様に最初に確認するのが「人事評価は何のために実施するのか？」という問いかけです。この問いに対する答えは、組織の職員に対する思想を反映します。

成果主義の考えが強い組織では、人事評価は目標達成状況を確認し、給与計算の根拠となる査定のために実施するという答えが返ってきます。このような組織では、職員は数字を積み上げるための存在であり、目標数字を達成したか否かが職員の価値を決めるという発想が根底にあります。

農協では、この答えは十分ではありません。農協における「人事評価は何のために実施するのか？」という問いに対する答えは、「人事評価は職員を育成し、成果をださせるために実施するもの」だと考えています。

人事評価とは、評価対象期間の最後になって評価者が査定のための点数付けをすることではなく、評価対象期間を通して評価者が配下職員と向き合い目標設定をして、目標に対する進捗状況をつねに確認しあい、最終的にはその達成状況をフィードバックしたうえで、成長に向けた翌期の取組み方針を共有するという一連のプロセスを指します。

(2)人事評価制度設計のポイント

人事評価制度の設計において重要になるのは、評価内容が評価者にも被評価者にもわかりやすく、被評価者の解決すべき課題（不足する能力など）が明確になるということです。そのために、「求められる職員像」にもとづき、コースや等級ごとに職員に求める役割・能力、考え方、業績貢献を人事評価項目として設定します。

【人事評価制度はここを決める！】

①何を評価するのか（評価基準）を決める

　職員を正しく育成するために、「能力」「態度」「業績貢献」など職員の何を評価対象とするのかを決めることが必要です。そのうえで、それぞれの評価要素に対して等級ごとに、どの程度の水準を求めるのかを評価基準として定義し、職員が求められる能力（態度、業績貢献）と自らの能力（態度、業績貢献）の乖離を把握できるようにします。

②評価結果の処遇への反映方法を決める

　職員の「能力」「態度」「業績貢献」などを評価した結果をどのように処遇に反映させるのかを決めることが必要です。「能力」で昇格・昇給を決め、「業績貢献」で賞与にメリハリをつけるなど、総合評価とせずにそれぞれの評価要素の性質に応じて処遇への反映方法を検討します。

③昇格・降格の基準を決める

　「推進実績＝昇格」ではなく、上位等級の等級要件に照らしてふさわしい能力を持った職員が昇格するよう昇格基準を設計します。また、等級要件に照らして能力が不足する職員を降格できるように降格基準を設計します。

（3）職員は評価されないことには取り組まない

　職員の人事評価に対する関心は極めて高く、職員は自らの行動が人事評価に対してどのように影響するかということを考え行動します。つまり、推進目標の達成状況で人事評価の結果が決まるのであれば、職員は自らの評価を良くするために多少強引でも評価につながりやすい商品・サービスを組合員に推進します。

　一方で、組合員のために実施した取組みが、たとえ推進実績に貢献していなくても評価されるのであれば、職員は短期的な推進実績に影響しなくても農協として本来やるべきことをします。

　人事評価を上手く活用すれば職員の行動を正しい方向へと導くことができますが、活用の仕方を間違えると職員の行動を誤った方向へ導くおそれがあることに注意が必要です。

（4）「推進目標達成度＝評価」ではない

　職員の行動はすべて組合員のためであり、短期的には農協の利益にならなくても組合員のためになることであれば実施するという考えで職員は行動しなければなりません。このような考えや行動が、職員が組合員から信頼され、必要とされるための最低条件です。

　しかし、推進目標の達成を過度に重視し、現在の成果（推進目標達成度）のみにもとづいて人事評価を実施すると、「組合員のため」よりも「ノルマ達成のため」という職員の行動を促し、組合員の農協離れを助長するおそれがあります。

　人事評価を職員の正しい行動を引きだすため（育成のため）の手段として位置づけるのであれば、現在の成果（推進目標達成度）は今年度の業績貢献として適切に評価に反映させたうえで、将来の成果につながるような職員の正しい考えや行動についても適切に評価に反映させなければなりません。

8 職員の組合に対する貢献を適切に評価

(1) 人事評価の基本要素は「成績」「能力」「姿勢」

　組合員のために行動しようと考えていたとしても、能力がなければ組合員の期待に応えられません。一方で、どれだけ高い能力があったとしても、組合員のためという姿勢がなければ組合員から受け入れられません。組合員からの期待に応えるために職員に求められるのは「能力」と「姿勢」の総合力であり、人事評価は職員の「能力」を伸長し、「姿勢」を正す仕組みでなければなりません。

　そのため、人事評価は評価対象期間の職員による組合業績への貢献（「成績」）を認めるだけではなく、人事評価をとおして上司と配下職員との間で能力に対する課題を共有するとともに、求められる職員像に照らした農協職員としての正しい姿勢を伝えるものでなければなりません。

(2)「成績評価」で組合業績にどの程度貢献したかを評価

　「成績評価」は、渉外担当者に対する推進実績など、定量的に測定可能な目標の達成度をもとに評価を行うことが基本であり、人事評価の基本要素のうち、最もわかりやすい評価といえます。与えられた目標を達成できたか否かについての評価が、上司と配下職員とで異なることはありません。

　成績評価を有効に機能させるためには、評価対象期間の最初に上司と配下職員とで話し合いお互いが納得できる目標を設定することが必要です。目標設定の際には、職員間で目標の難易度に差がでることがありますが、職員の能力に応じて期待する成果に違いがある以上、多少の難易度の差は許容します。大切なことは上司と配下職員とで事前に合意した目標を確実にやりきったという事実です。

　しかし、成績評価には、管理部門の職員などにとっては定量的な目標設定が難しいという課題があります。だからといって、すべての職員に対して一律に共済の推進目標を与え、その達成度を持って成績評価とすれば、本来の業務以外で評価される職員の納得感は低くなります。また、

管理部門の職員が業務遂行の品質を目標としてしまうと、そのような業務遂行の品質は能力評価にも反映されるため成績評価と能力評価との区別があいまいになってしまいます。このような課題を克服するために直接的に事業推進に関与しない管理部門の職員などは成績評価の対象としない（一律B評価とする）など柔軟に考えることが必要です。

①評価項目

　成績評価の評価項目は人事部門が設定するのではなく、各部署の定める事業計画（数値目標）にもとづいて設定されます。具体的には、事業利益、貯金残高、購買供給高、共済新規契約額など定量的に測定可能であり、かつ直接的に業績に貢献する項目として設定します。

　上位者になるほど責任の範囲が広くなりますので、部門・部署の業績責任（信用事業利益、支店貯金残高、センター購買供給高など）を負わせます（組織業績100%）。一方で、渉外担当者に対しては、自分で影響を与えることができる定期貯金獲得額、共済新規契約獲得額など個人の数値目標を中心に責任を負わせます（組織業績20%：個人業績80%）。また、窓口職員は渉外担当者ほど個人の数値目標が明確でないことも多く、支店全体（窓口全体）として目標設定していることがあります。そのため、窓口での定期貯金獲得額や自動車共済新規契約獲得額など組織業績を中心に責任を負わせます（組織業績60%：個人業績40%）。

②評価段階と評語の決定

　定量的に評価可能な成績評価については、評価結果に対して評価者の判断が介入する余地はなく、評価項目ごとの目標数値に対する達成率をもとに評価段階を決定します。

　そのうえで、評価項目ごとの評価段階を平均して成績評価の評点を算定し、オール3（すべての項目で目標達成度100%以上）以上であればB評価となるように設計します。

評価段階	達成率	評点*1	評語の定義	評語
5	110%以上	4.7点以上	期待し要求される水準以上の者のなかで抜群であり、組合の業績に大きく貢献した	S
4	105%以上110%未満	4.0点以上4.7点未満	期待し要求される水準を超えて成績をあげ良好で申し分がなく、組合の業績に貢献した	A
3	100%以上105%未満	3.0点以上4.0未満	期待し要求される水準の標準的成績をあげている	B
2	50%以上100%未満	2.5点以上3.0点未満	一応期待し要求される水準に近いが目標を達成していない	C
1	50%未満	2.5点未満	期待し要求される水準には大きな隔たりがあり、ミスや問題点が目立ち注意しても直らず、業務に支障をきたす	D

＊1. 成績評価の評価項目を平均して評点を計算しています。オール3（すべての項目で目標達成度100%以上104未満）ならB評価、オール4（すべての項目で目標達成度104%以上110%未満）ならA評価になるように設計しています。

成績評価の評価段階と評語の決定

（3）「能力評価」で等級要件に照らして職員の能力を評価

　職員を育成するための人事評価の根幹ともいえるのが、評価対象期間中に職員が発揮した能力をもとに評価する「能力評価」です。能力評価の評価項目や期待する水準は等級制度と連携させなければなりません。職員の能力を等級要件に照らして評価し、期待どおりの能力を発揮しているのか、もしくは上位等級においても十分な能力発揮を期待できるのかを判断し、昇格判定の基礎とします。

　能力評価をとおして職員を育成するためには、上司は配下職員に対して必ず現状の能力に対する課題を伝えなければなりません。どのような能力発揮を期待しているのか、どうすれば上位等級に昇格できるのか、について上司と配下職員で共通認識を持つことで配下職員の成長意欲を喚起することができ、また、評価対象期間中に上司は配下職員の成長を支援することができます。

　また、組合が職員に期待する能力は、組合を取り巻く環境や組合の戦略によって変化します。特に現在のように組合を取り巻く環境が大きく変化している環境下において、10年以上もずっと同じ評価項目で職員

の能力を評価していては、職員に求められる能力が陳腐化しているおそれがあります。環境変化に対応し組合員からの期待に応え続けるためには、能力評価の項目を組合員からの期待に合わせて変更することが必要です。

①評価項目

　　能力評価の評価項目は、等級制度で設計された等級要件と整合するように設計します。たとえば、職能資格制度にもとづいて等級要件が設計されているのであれば、等級要件として定められた①知識・技能、②業務遂行力、③創造力、④実現力、⑤対人力、⑥人材育成力などの能力が能力評価項目として定義されます。等級要件となっている能力について、等級ごとに求める水準を詳細に定義し、職員が自らに求められている能力を具体的にイメージできるようにしなければなりません。

　　そのうえで、各評価項目について評価の着眼点を設計し、能力評価において評価者が被評価者の何を見て評価するのかをわかりやすく表現します。

②評価段階と評語の決定

　　評価項目ごとに被評価者の能力を5段階で評価します。本人の現等級相当の仕事を独力でやらせた場合、ほぼ申し分なくでき、指導、援助はほとんど不要であることを3点（標準的な評価）として設計します。仮に、本人の現等級より上位等級の仕事を独力でやらせた場合でも、ほぼ申し分なくでき、指導、援助はほとんど不要であれば標準的な評価を上回る4点と評価します。一方で、本人の現等級相当の仕事を独力でやらせた場合、しばしば指導、援助を要し業務に若干の支障があるならば標準的な評価を下回る2点と評価します。

　　そのうえで、評価項目ごとの評価段階を合計し、オール3以上であればB評価となるように設計し、オール4以上（すべての評価項目について上位等級の仕事についても独力でほぼ申し分なくできる能力）であればA評価とします。

評価段階	定義	評点*1	評語の定義	評語
5	明らかに現等級より上位の仕事を独力でやらせた場合でも、ミスや問題は滅多になく、上位等級としてみても標準以上である	28点以上	現等級で期待される能力を大きく上回る上位等級へのチャレンジの可能性が十分にある	S
4	本人の現等級より上位の仕事を独力でやらせた場合でも、ほぼ申し分なくでき、指導、援助はほとんど不要である	24点以上28点未満	現等級で期待される能力を上回る。上位等級へのチャレンジの可能性が見出せる	A
3	本人の現等級相当の仕事を独力でやらせた場合、ほぼ申し分なくでき、指導、援助はほとんど不要である（標準的な評価）	18点以上24点未満	現等級で期待される能力は標準的ないし期待通り。上位等級へのチャレンジには至らない	B
2	本人の現等級相当レベルの仕事を独力でやらせた場合、しばしば指導、援助を要し業務に若干の支障がある	12点以上18点未満	現等級で期待される能力を著しく下回る。改善すべき点が多い（降格検討対象）	D
1	本人の現等級相当レベルの仕事を独力でやらせた場合、常に指導、援助を必要とし、業務に大いに支障を来たすため、独力では任せられない	12点未満	現等級で期待される能力の保有が見込めない（降格検討対象）	E

＊1. 能力評価の評価項目を六つと仮定して評点を計算しています。オール3ならB評価、オール4ならA評価になるように設計しています。

能力評価の評価段階と評語の決定

（4）「情意評価」で農協職員としての熱意や姿勢を評価

　職員は、単に能力があるだけでは十分でなく、また数字目標を達成していれば問題ないというわけでもありません。地域から愛され、職員の周りに人が集まってくるような人間力が求められます。

　人間力は一朝一夕につくられるものではなく、日々の業務のなかで組合員と真摯に向き合い、組合員のことを真剣に考え、行動することで培われてくるものです。職員の熱意や姿勢といった農協職員に求められる基本姿勢を「情意評価」として評価し、上司は配下職員に対して農協職員としてのあるべき姿を常に発信していなければなりません。

　現在、多くの農協の人事評価制度には「情意評価」が設定されていますが、ほとんどすべてがB評価であったり、総合判定の際の調整弁として利用されていたりするなど、情意評価は重要視されていないのが実態ではないでしょうか。しかし、事業推進で優秀な成績をおさめている職員のなかにも農協職員としてふさわしくない行動をとっている職員もいますし、一方で事業推進がふるわない職員のなかには組合員のことを第一に考え、農協人として望ましい行動をとっている職員もいます。その

ような職員を単に推進実績だけで農協職員としての優劣を判断してはいけません。日々の業務をとおして上司は配下職員の仕事に対する熱意や姿勢を適正に評価しなければなりません。

①評価項目

　情意評価の評価項目は「求められる職員像」と整合するように設計します。業務遂行に必要な能力だけではなく、農協職員として求められる①協同の心、②総合事業理解、③礼節・倫理、④責任感、⑤積極性などの考え方や姿勢が評価項目として定義されます。評価項目に落とし込むことで「求められる職員像」を職員が具体的にイメージできるようにします。

　そのうえで、各評価項目について評価の着眼点を設計し、情意評価において評価者が被評価者の何を見て評価するのかをわかりやすく表現します。

②評価段階と評語の決定

　評価項目ごとに被評価者の考え方・姿勢を5段階で評価します。農協職員としての考え方や姿勢を意識した行動を常に確認できることを3点（標準的な評価）として設計します。常に農協職員としての考え方や姿勢を意識した行動が見られるだけではなく、周囲・同僚の模範としてもふさわしい行動がみられるのであれば標準的な評価を上回る4点と評価します。一方で、農協職員としての考え方や姿勢を意識した行動を見られるものの、その発揮の頻度・状態には相当程度の改善努力が求められるのであれば2点と評価します。

　そのうえで、評価項目ごとの評価段階を合計し、オール3以上であればB評価となるように設計し、オール4以上（すべての評価項目について周囲・同僚の模範となる行動が見られる）のであればA評価とします。

第 2 部　農協に必要な人事制度を構築する　**47**

評価段階	定義		評点*1	評語の定義	評語
5	常にJA○○の職員としての考え方や姿勢が意識・反映されている行動が見られ、周囲・同僚の行動に良い変化をもたらしている		24点以上	現等級での期待を大きく上回る	S
4	常にJA○○の職員としての考え方や姿勢が意識・反映されている行動が見られ、周囲・同僚の模範としてふさわしい行動が見られる		20点以上24点未満	現等級での期待を上回る	A
3	JA○○の職員としての考え方や姿勢を意識した行動を常に確認できる（標準的な評価）		15点以上20点未満	現等級での活躍は標準的ないし期待通り	B
2	JA○○の職員としての考え方や姿勢を意識した行動が見られるものの、その発揮の頻度・状態には相当程度の改善努力が求められる		10点以上15点未満	現等級での期待を下回る。まだ改善すべき点がある	C
1	組合員・利用者や周囲の職員に迷惑をかけているなど、JA○○の職員としての行動・意識に欠ける		10点未満	現等級での活躍が見込めない	D

＊1．情意評価の評価項目を五つと仮定して評点を計算しています。オール3ならB評価、オール4ならA評価になるように設計しています。

情意評価の評価段階と評語の決定

メリハリをつけた人事評価結果の処遇への反映

(1)「短期的貢献」と「長期的貢献」に分けて処遇に反映

　組合業績への貢献方法は、職種によって異なります。渉外担当者などは数値目標の達成によって短期的な組合業績に貢献します。一方で、管理部門の職員を中心に自身の業務が直接的に数値目標の達成に貢献するのではなく、数値以外の形で長期的な組合業績に貢献します。

　数値目標を持っているから組合業績への貢献度が高いということではなく、数値目標を持っているか否かは単なる職種の違いでしかありません。そのため、数値目標を持っている職員は、目標達成という形で短期的な組合業績への貢献を評価し、数値目標を持っていない職員は業務の品質という形で長期的な組合業績への貢献を評価し、処遇に反映させます。

①短期的な組合業績への貢献（成績評価）は賞与に反映

　推進実績などの成績は、評価対象期間ごとのブレが大きく、今期の成績と来期の成績との間に因果関係はありません。そのため、今期の成績については将来の総額人件費に影響する昇格や昇給ではなく、可能な限り今期の賞与に反映させ職員へ還元し、来期以降に影響させないようにします。

　賞与は今期の業績分配であり、今期の業績に貢献した職員に対してより多くの賞与を支給することは合理的です。直接的に業績貢献しない管理部門の職員などは成績評価の対象とせずに人事評価の結果を賞与に反映させない一方で、直接的に業績に貢献する渉外担当者などは個人の頑張りに応じて賞与にメリハリをつけます。

②長期的な組合業績への貢献（能力評価）は昇格・昇給に反映

　職員の能力は持続性が高く、今期の能力伸長は来期のより高い能力発揮につながります。そのため、能力を基準に職員の固定的な報酬水準を決定し、短期的な業績貢献に対する賞与とは区別します。

第2部　農協に必要な人事制度を構築する

一時的な支給である賞与と異なり、昇格・昇給に伴う報酬水準の上昇は長期にわたって総額人件費を押し上げる要因になるため、来期は今期以上の能力発揮が期待できる場合にのみ昇格・昇給を実施することになります。

（2）農協職員としてふさわしくない職員には相応の処遇

　人事評価によって農協人を育成することを目的とする場合には、成績評価は賞与に反映、能力評価は昇格、昇給に反映というように単純に考えることはできません。仮に目標を達成したとしても、もしくは能力を発揮したとしても農協人としての熱意や姿勢に問題があるのであれば評価に反映させるべきです。そのため、情意評価については、昇格、賞与に一定の割合で反映させます。

	処遇			
	賞与	昇給	昇格	降格
能力評価	×	○	○	○
情意評価	△	×	△	×
成績評価	○	×	×	×

評価結果の処遇への反映

10 職員の能力（人事評価）にもとづく昇格・降格の実施

（1）能力のない職員は昇格しない昇格基準

　「職能資格制度」によって職員を格付けする場合には、等級の違いは能力の違いであり、上位等級者は下位等級者よりも優れた能力を保有していなければなりません。つまり、昇格とは職員の能力伸長を認めることであり、能力のない職員が業績貢献を理由に昇格することはありません。

　そのため、昇格基準は「能力評価」「情意評価」「成績評価」の総合評価ではなく、「能力評価」「情意評価」のそれぞれで一定水準以上の評価を得ていることとするべきです。特に「能力評価」については最終年度においてA評価以上（能力評価項目がオール4以上の評価）の獲得を昇格要件とするなど職員の能力を厳格に判定しなければなりません。

（2）人事評価にもとづく降格の実施

　特に管理職等級への昇格者に対しては、これまでとは異なる管理能力が求められているため、管理職として期待どおりの能力を発揮できているか否かを厳密に評価しなければなりません。「職員の能力は原則として低下しないと考えられているため降格させることは難しい」という話をよく聞きますが、昇格させた結果、期待する能力を発揮できないのであれば、評価結果にもとづいて降格させることは必要です。

　しかし、職員に対する指導・育成もせずに能力がないからと降格させるのは組織の怠慢であり、職員の納得感は高まりません。降格を実施する際には、能力評価で2年連続D評価の場合には降格対象とする旨を定め、1年目のD評価の段階で、評価者と被評価者との面談を実施し、本人の課題と育成方針を伝えたうえで、1年間育成を実施します。それでも改善が見られずに2年目もD評価となったときには評価者と被評価者が双方納得のうえ、降格を実施します。

第2部　農協に必要な人事制度を構築する　**51**

フィードバックは人材育成のための評価の絶対条件

(1) フィードバックがないと評価を受け入れられない

　人材育成のために人事評価を実施するのであれば、人事評価結果をフィードバックすることは不可欠です。

　仮に評価者がC評価（標準よりも低い評価）をつけた場合、その結果だけを見て、自らの課題を認識し、改善に向けた行動をとる職員はほとんどいません。

　多くの職員は「自分は正しく評価されていない」「管理者は自分のことはちゃんと見ていない」などと感じ、なかには「自分は管理者から嫌われているから低い評価しかつかない」とC評価は評価者に問題があると考える職員もいます。

　このような状況では、被評価者は自己の評価（C評価）と真摯に向き合うことをせず、自分の課題を認識することもできません。被評価者をやる気にさせ、正しい方向に導いていくためには、評価者はなぜC評価にしたのかを具体的な事実とともに示し、改善に向けて不足する能力について被評価者に対してフィードバックすることが必要です。

(2) フィードバックのポイントは日々の観察・記録

　評価対象期間の終わり間際になって、はじめて人事評価を意識しているようでは、配下職員に対して正しい評価はできません。

　このような評価者ほど先入観や直近の印象によって評価がぶれやすく、ハロー効果や寛大化傾向といった評価エラーを引き起こします。

　推進実績であれば評価対象期間が終わってから実績集計すれば簡単に人事評価ができます。一方で、能力評価や情意評価は普段から配下職員の仕事ぶりを観察し、意識して能力把握に努めなければ実施できません。

（3）フィードバックできない管理職は昇格・昇給させない

　　フィードバックは配下職員にとって気づきの場であり、成長のための重要な機会です。それを“忙しい”などと言い訳して、配下職員に対するフィードバックを実施していない管理職は、配下職員から成長のための機会を奪っていることになります。

　　そうであるならば、配下職員の成長の機会を奪った管理職が、自分だけ成長を認められることはなく、管理職としての能力伸長の結果である昇格・昇給の対象外とするべきです。

管理職への昇格要件としての360度評価

(1) 管理職になってつまずく優秀な職員

多くの農協において「管理職がマネジメントをできない」「配下職員を育成できない」という悩みが後を絶たず、優秀な実務担当者・渉外担当者であった職員が、管理職になってつまずいているケースが少なくありません。このような管理職は、これまでの成果を認められて管理職に昇進したはずが、管理職として何をすればよいのかわからないため、結局は過去の成功体験から逃れられず、「自分でやったほうが早い」と言い訳して優秀な実務担当者・渉外担当者という自分を変えることができていません。

管理職になれば、原則として「自分で作業をしてはいけない」「自分が動いてはいけない」という意識の転換を求められます。つまり、管理職に求められるのは、優秀な実務担当者・渉外担当者として「自分で動く」ことではありません。むしろ、優秀な実務担当者・渉外担当者である自分を捨てて、自分以外の職員に「仕事をさせること（任せること）」が求められます。口で言うのは簡単ですが、実際にやってみるとそれほど簡単なことではありません。そもそも、管理職に昇進するような職員は、それまで担当業務において優秀な成績を挙げてきた「自分で動く職員」であることがほとんどです。そのような「自分で動く職員」に、管理職になった途端「自ら動かない」ことを求めるため、管理職になりきれずつまずくのです。

(2) 管理職の成長を阻害するフィードバックの不足

管理職になると、周囲を巻き込んでする仕事、周囲に与える影響力が増加します。このとき自分のとっている行動が、周囲に対してどのように伝わっているのかを正しく把握することは難しく、必ずしも自分の思い通りに周囲に伝わっていないことが少なくありません。管理職になると、立場上よくないことであっても他者から指摘されることはほとんどなくなり、自分のやり方が正しいのかどうかを客観的に判断することが

できません。その結果、熱心に指導したつもりがパワハラとされ、親しみを込めたつもりがセクハラとされ、リーダーシップを発揮したつもりが独りよがりの独裁者と揶揄され、本人だけはやっているつもりの"裸の王様"になってしまっては改善することは困難です。

(3) 問題を自分のこととして受け止めるための『360度評価』

現在、管理職の育成を重要視して管理職に対する教育研修に力を入れている農協は多くあります。農協の管理職に対しては、連合会の研修、各単協独自の研修など、手厚い研修が用意されています。しかし、研修のアンケートでは「役割が明確になった」「すぐに実践したい」などと前向きな反応が返ってくるものの、実際には自分の行動を変えることができていません。

優秀な実務担当者・渉外担当者から管理職へのステップアップに失敗している職員に必要なのは、標準的な知識やスキルの習得を目的にした座学の研修だけではなく、自分のマネジメントの実態を理解させ、それを踏まえて具体的な改善につなげることです。つまり、『360度評価』のような「個々人の課題」に焦点を当てたフィードバックを実施し、管理職に"そこにある問題"を自分のこととして受け止めさせなければなりません。

(4)『360度評価』で管理職としての資質が浮き彫りになる

弊法人が実施する『360度評価』の設問は、「仕事に向き合う姿勢」と「配下職員に向き合う姿勢」の二つに区分され、管理職の能力や目標達成度というよりも、日々のマネジメントに対する行動や姿勢について、周囲（上司、同僚、配下職員）がどのように感じているのかを回答してもらいます。

「仕事に向き合う姿勢」は、経営理念に対する本気度、目標達成のプロセス（仕事の仕方）、変化への対応や姿勢を質問することで、管理職としての仕事に対するスタンスが見えてきます。一方で、「配下職員に向き合う姿勢」は、風通しのよい職場づくりへの意識、配下職員の育成に関する意識を質問することで、管理職としての配下職員との接し方が見えてきます。

※以下に設問例を掲載しますが、設問は15〜20問程度が最適だと考えています。各設問について中間尺度（どちらともいえない）なしの5段階評価尺度で評価をしてもらいます。『360度評価』の場合には、評価者が対象者のすべての行動を観察することができない場合があるため、評価尺度に「NA（わからない）」を入れておくことが重要です。

〔5段階評価尺度（中間尺度なし）の例〕
　5：非常に高いレベルでできている
　4：できている
　3：どちらかといえばできている
　2：どちらかといえばできてない
　1：できていない
　NA：わからない

【仕事に向き合う姿勢】
①経営理念に対する本気度を明らかにする
　　農協としてどれだけ立派な経営理念を掲げても、現場の職員がそれを自分のこととしてとらえなければ絵に描いた餅です。たとえ、役員が危機感を持って訴え、現場に浸透させようとしても、間に立つ管理職にその気がなければ配下職員に浸透することはありません。
　　会議の席や役員の前で自分がどれだけ経営理念を重要視しているかを上手に語ることに意味はありません。役員の前では調子の良いことを言っていても、現場に戻れば「数字、数字」と配下職員を締め上げる日々の管理職の言動を配下職員はよくみています。経営理念に対して本気で向き合っていない管理職は、ここで課題が明らかになります。

＜設問例＞
1. 部門・部署の方針を明確に打ちだし、自分の言葉で職員に理解させている
2. 部門・部署の方針徹底のために率先垂範している
3. 生産・販売・消費を通じて地域農業を支援する志がある
4. 数字を達成するのは当たり前だが、あくまで組合員のニーズを大事にしている

②目標達成のプロセス（仕事の仕方）を明らかにする
　　管理職には「配下職員を動かし、成果をださせる」ことが求めら

ます。しかし、実際には指示だけして、あとは放任、やって当然という姿勢の管理職も少なくありません。そのうえで、配下職員の成果に満足できないと、ろくに指導もせずに、「こいつ、使えないな…」と愚痴をこぼして自分で手を動かしてしまいます。このような管理職は、「この組合員さんは自分が対応したほうが良い」「これは重要だから自分で対応したほうが良い」と様々な理由をつけて、結局、自分で動きます。そのうち、周囲の職員もお願いすればやってくれるからと、なんでも管理職を頼るようになります。そのような状況をもって、自分は頼られていると勘違いしていては、いつまでたっても本当の管理職にはなれません。

　農協の支店長に多い、優秀な渉外担当者である過去の自分を捨てられず、いつまでたっても自分で動いて成果を挙げるという行動パターンで自己満足に浸っている管理職は、ここで課題が明らかになります。

＜設問例＞
5.　仕事の意義・目的を説明している
6.　職員の能力にあった仕事の与え方をしている
7.　指示だけではなく職員の行動を支援している
8.　自分では抱え込まず、配下職員を信頼して仕事を任せている

③変化への適応姿勢を明らかにする
　"自己改革"がこれほど叫ばれているなかでも、農協職員と接していると、依然として環境変化に鈍感で、変化に対して抵抗する姿勢を感じることがあります。「変わらなければならない」と口では言うものの、実際の行動には反映されず、農協法が改正され2年以上経過した現在に至って、「自分の仕事は変わった」と自信を持って言える農協職員はどれほどいるのでしょうか。

　"自己改革"など他人事で、目の前の推進目標の達成に追われている管理者には組織を正しい方向に導いていくことはできません。競合金融機関等との競争が激しくなるなかで、農協にも経営の合理化・効率化は不可避のものとなり、株式会社と同様の戦略を突き詰めた結果、農協としての独自の強みは希薄化しています。"農協改革"などと押しつけられるまでもなく、環境変化に応じて農協は変わらなければな

りません。管理職には、前例がないことに挑戦し、むしろ前例がない
からこそ自分が変革を成し遂げなければならないと思うくらいの気概
が必要です。

「農協は変わらなければならない」と評論家のように繰り返し、実
際には何も変えることができない、前例がないことを理由に変化に抵
抗するような管理職は、ここで課題が明らかになります。

＜設問例＞

9. 未経験のことにどんどんチャレンジしている
10. 常に一歩先を読み、次の展開を予測して行動している
11. 前年と同じことを繰り返すだけではなく、組合員のニーズに迅
速に対応している
12. 前例がないことを理由に配下職員の発言を否定したり、チャレ
ンジを妨げたりしていない

【配下職員に向き合う姿勢】

④風通しの良い職場づくりへの意識を明らかにする

「職場の雰囲気は管理職を反映する」というのは紛れもない事実で
あり、管理職が配下職員とどのように接しているかによって職場の雰
囲気は全く違うものになります。管理職が率先して挨拶をし、積極的
に配下職員とコミュニケーションを図っている職場では、配下職員も
管理職に対してコミュニケーションが取りやすく、報告・連絡・相談
が徹底されています。また、このような職場では職員同士のコミュニ
ケーションも活発になり、職場が活力に満ちています。

一方で、管理職がいつも「数字はどうだ」「達成できそうか」とピリ
ピリしているような職場では、全員が数字のことしか頭になく、管理
職からのプレッシャーで委縮してしまっています。このような職場で
は、各職員が自分の目標（仕事）に黙々と取り組んでおり、職員同士
のコミュニケーションもほとんどありません。さらに、管理職の気分
の浮き沈みが激しい職場では、職員が管理職の顔色を窺いながら「今
日は機嫌がいいから相談しよう」「今は機嫌が悪そうだから、報告する
のをやめよう」などと報告・連絡・相談のタイミングを見計らうよう
になり、管理職へのタイムリーな情報共有が阻害されます。

口では「何かあったら、いつでも言ってこい」と頼れる管理職を演じていても、配下職員がいざ相談にいくと、忙しいからとあからさまに嫌な顔をしたり、「そのくらい自分で考えろ」と怒鳴ったりするような管理職は、ここで課題が明らかになります。

＜設問例＞
13. 職員の話を聴くように努めている
14. 話しかけられた時には嫌な顔をせず、手を止めて真摯に対応している
15. 意見が言いやすく、本音の話ができる
16. 気分の浮き沈みを見せることなく、いつでも話しかけやすい

⑤配下職員の育成への意識を明らかにする
　管理職として成果をだすことが求められるのは当然ですが、それ以上に成果のだし方が問われていることを自覚しなければなりません。つまり、管理職が一人で頑張って成果をだしても、それは単なる自己満足であり、「自分がいないと職場は回らない」「みんなが自分に頼って困る」などと言って、本来の役割から目をそらしてはいけません。
　管理職に求められているのは、配下職員を育成し、配下職員全員が成果をだせるように支援することです。管理職としての役割をしっかりと認識して配下職員と向き合い、彼ら／彼女らのキャリアに対して責任を負うという自覚が必要です。管理職として、配下職員に対して仕事の面白さを伝え、時には仕事を通じて"感動"させながら、配下職員にこの人（管理職）と一緒に成長したいと思わせなければなりません。特に、配下職員にとって、キャリアの初期の段階にどのような上司の下で働いたかが、その後のキャリアに重要な影響を与えることを忘れてはいけません。
　配下職員の育成のために仕事を任せるといって、"最初からできる職員"に頼りきりになっており、できない職員は暇になる一方で、できる職員に仕事が集中するというような状況を引き起こしている管理職は、ここで課題が明らかになります。

第2部　農協に必要な人事制度を構築する　**59**

＜設問例＞

17. 常に職員一人ひとりを気にかけている
18. 職員の長所を捉えて、動機づけと育成をおこなっている
19. 一緒に仕事をすることで成長できると感じる
20. 職員のキャリアアップや成長に関心がある

（5）『360度評価』によって得られる気づき（成長の機会）

　『360度評価』によって得られる気づきは、既存の研修やOJTを通じた業務知識の習得とは全く異なり、管理職が「自分の問題」として捉えやすく、行動面の改善を促します。

　関係している他者が、自分の行動や振る舞いをどのように感じているのかを知ることは勇気のいることですし、配下職員からの評価でプライドが傷つけられたと感じることもあるかもしれません。

　しかし、『360度評価』で得られる気づきは、他の方法では得られない気づきであり、それによって、はじめて管理職は自分の言動の問題・課題を認識し、修正することが可能となります。

　管理職がどれほど自分を客観的に認識しているといっても、実際には、管理職と配下職員とでは"見えているもの"に差があります。「対人関係の気づきモデル」として有名な「ジョハリの窓」は、人間が自分でわかっていることと、そうではないこと、周囲の人がわかっていることと、そうではないこととを組み合わせて4象限に分けています。このうち、「盲点の窓」に属する行動に関する評価結果には、自己評価と周囲からの評価が乖離する可能性があります。この点、やれているつもりになっている管理職には大きな気づきになるはずです。

	自分自身で気づいて**いる**	自分自身で気づいて**いない**
周囲の人が気づいて**いる**	開放の窓	盲点の窓
周囲の人が気づいて**いない**	秘密の窓	未知の窓

「ジョハリの窓」

多くの管理職にとって、他人が知っていて自分が知らない「盲点の窓」を小さくし、自己理解を進めることで成長の原動力が生まれます。

（6）予想される抵抗（やりたくない言い訳）に向き合う

『360度評価』に対しては「甘いだけの管理職が高い評価になり、誤解を招く」「好き嫌いの評価になり、信頼できない」「評価を気にして配下職員に対して厳しい指導ができなくなる」など否定的な意見も多く、導入をためらう農協が少なくありません。

たしかに、人事評価というと誰もが身構えてしまいます。そこで、導入事例の多くは、まずは『360度評価』の結果は人事評価に一切反映せずに、あくまでも管理職に対して気づきを与え、マネジメント力を育成することを目的に導入することで管理職の抵抗を抑えています。

また、「評価」という言葉に反応して、「配下職員には評価能力がない」「配下職員は管理職の仕事を評価できるほど把握していない」など、評価結果の信頼性が低いという批判もよく耳にします。この点も『360度評価』では、管理職の"能力"を評価するのではなく、管理職の"行動"が周囲にどのように伝わっているのかを回答していることを理解させます。

つまり、『360度評価』の目的は、管理職に対して「あなたの人材育成力は低い」と能力を否定することではなく、"課長は私の話を聞いてくれない"、"支店長に相談すると嫌な顔をされる"など管理職の行動が配下職員にどのように伝わっているのかを明らかにし、管理職にフィードバックする仕組みであることを理解させます。

なかには、「自分よりも能力が低い配下職員に評価されたくない」「経験の乏しい若手職員の意見など聞く価値がない」と配下職員に評価されることをプライドが許さないという管理職もいます。このような管理職は、そもそもの管理職の適性を疑わなければならず、いちいちこのような批判に耳を傾ける必要はありません。過去は優秀な実務担当者・渉外担当者であったとしても、他人の声に耳を傾ける素直さを失ったら成長は止まります。

(7)まとめ

　優秀な実務担当者・渉外担当者が"管理職"にステップアップできるかどうかは、職員自身の努力もさることながら、組織による支援が欠かせません。管理職に昇格・昇進させるということは、現場のスーパースターを管理の素人に生まれ変わらせることであり、新任管理職に成果を求めるのであれば、適切な支援が必要です。

　特に、経験の浅い管理職に対しては、自身のマネジメントに対する「客観的な気づき」を与える仕組みが必要です。管理職になった直後など、なるべく早い時期に『360度評価』を実施して、自身の言動が周囲にどのように伝わっているのかを気づかせ、行動改善を促してください。

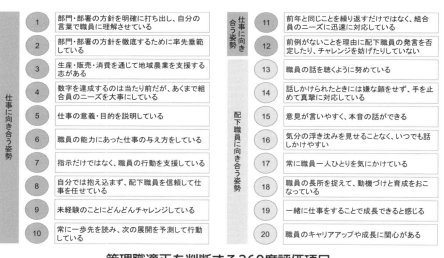

管理職適正を判断する360度評価項目

12 農協に必要な報酬制度

（1）組合への貢献に応じた納得感のある報酬制度

　報酬制度の設計においては、人事基本方針に従って何に報酬を支払うかを決めることが重要です。各農協がどのような行動を職員に促したいのか、どのような職員を組織に定着させたいのかなど、農協人を育成し定着させるための仕組みとして報酬制度を設計しなければなりません。また、総額人件費をコントロールすることも報酬制度の重要な役割です。そのため、年功的な報酬制度によって職員の年齢に比例して報酬を上昇させるだけではなく、期待する役割に十分に応えられていない職員の報酬の上昇を抑制する仕組みをもたせることも重要です。

（2）報酬制度設計のポイント

　報酬制度の設計において重要になるのは、成果や役割に応じた納得感のある報酬を実現することです。そのため、単純に報酬水準自体を高くする・低くするという議論ではなく、なぜ報酬が高いのか（なぜ報酬が低いのか）の理由が明確に説明できるように報酬の決定過程を合理的に定めることが必要です。

【報酬制度はここを決める！】

①何に対して報酬を支払うのかを決める

　報酬制度の設計の出発点になるのは、組合として何に対して報酬を支払うのかを決定することです。農協グループにおいて多く採用されているのが、職員の年齢に対して支払う「年齢給」、職員の能力に対して支払う「職能給」、職員に求められる役割に対して支払う「役割給」です。

　報酬制度の設計は職員の生活に直結する重要な論点であり、職員は報酬制度を通して組合が職員に何を求めているのかを最終的に理解することになります。そのため、職員の生活保障を重要視して「年齢給」の割合を高めるのか、もしくは、職員の能力や役割に見合った報酬を

第2部　農協に必要な人事制度を構築する　**63**

重要視して「職能給」「役割給」の割合を高めるのか、職員が正しく成長するためにどのような報酬構成にすることが必要かを慎重に判断しなければなりません。

②等級ごとの報酬の上限と下限を決める

職能資格制度において職員を能力で格付け（序列付け）する場合、上位等級者は下位等級者よりも優れた能力を持っていることになります。役割等級制度においても同様であり、上位等級者は下位等級者よりも難易度の高い役割を負っていることになります。そのため、上位等級者は下位等級者よりも高い報酬を支給される理由があり、等級ごとの報酬の上限と下限を決めることで、原則として上位等級者と下位等級者の間で報酬水準の逆転が起きないように制度設計しなければなりません。

③毎年の昇給額を決める

職員の能力（等級）に応じて支給する職能給についても、毎年当たり前に昇給させている農協が多く、職能給も年功型賃金となり総額人件費の高騰の原因となっています。職能給は毎年当たり前に昇給するものではなく、人事評価結果に応じて昇給するように設計するべきです。たとえば、能力評価がA評価なら8号俸、B評価なら5号俸、C評価なら3号俸、D評価なら昇給なしなど昇給額を人事評価結果と連動させることで職員が発揮した能力に応じた報酬を支給することができます。

（3）報酬制度を通して人事・人材に関する考えを職員に発信する

他の人事制度がどのような設計になっていたとしても、最終的に職員の関心は「自分の給与口座にいくら振り込まれるか」です。職員は規程やルールではなく金額によって組合の人事基本方針を理解します。そのため、報酬制度の設計が人事制度の職員への浸透・定着の鍵を握るといっても過言ではありません。報酬額が等級ごとに期待される役割に見合っていること、人事評価の結果が報酬額に適切に反映されることなど報酬制度とその他の制度とが一貫性を保って設計され、報酬額をとおして組合の人事・人材に関する考えを職員に対して発信してください。

13 年齢よりも役割や能力を重視した報酬構成

(1) 年齢給の昇給は40歳まで

　以前は、多くの農協の役職員の皆様と報酬制度について意見交換していると、「農協職員は勤続することに価値がある」と言われ、年齢給を基本にして加齢とともに昇給する年功序列型の賃金体系になっていることが多かったと感じています。年齢給を基本とする報酬は職員のライフステージの変化に合わせて必要となる生活資金という生活給としての意味合いが強く、職員の生活保障を重要視する農協の思想に合っていたといえます。

　しかし、近年では事業総利益の中心であった信用事業・共済事業が伸び悩む一方で、総額人件費が上昇傾向にあり、多くの農協で労働分配率（＝人件費÷事業総利益）が悪化しています。そこで問題になるのが、年功型賃金の結果として本人の持つ能力と比較して報酬が高くなっている高年齢職員の存在です。そのような高年齢職員が上司にいることで、優秀な若手職員ほど能力と報酬との不整合に不満を感じ、最悪の場合には農協からでていってしまうことになります。さらに、報酬総額に占める年齢給の割合が大きくなると、等級や役職間で報酬の逆転が起こり、職員の成長意欲を減退させます。

　入組後しばらくの間は、勤続期間とともに職員の能力も向上するため年齢給による昇給は合理的と考えられますが、昇格に差が出始める40歳ごろからは年齢ではなく期待する役割や能力に応じて報酬を支給するように変更するべきです。いくら生活給だとしても40歳を超えて年齢給を昇給させる必要はありません。

(2) 成長段階や期待役割に応じた報酬構成

　年功的な報酬体系にするのか、成果主義的な報酬体系にするのかは、組合として期待する役割や職員の成熟度に応じて設計するべきです。業務の習熟過程（成長過程）にある若手職員に対しては年齢に比例して能力も伸びていくと想定されるため、年功的な報酬体系で毎年の昇給に

よって仕事へ動機づけすることが有効です。一方、勤続20年を超えるようなベテラン職員に対しても年功的な報酬体系を続けていると本人の成長と昇給額とが見合わなくなってきます。特に管理職ともなれば、年齢に関係なく組合として期待する役割に見合った働きをしていることが重要であり、成果主義的な報酬体系とするほうが合理的です。

①若年層は「年齢給」と「職能給」

農協人としての成長過程にある若年層に対しては、年功的な報酬である「年齢給」と「職能給」で報酬を構成し、年齢や能力の伸長に比例して昇給する仕組みにします。

この段階では、職員間で期待される役割に違いはなく、また各職員の生産性の違いが組合業績に与える影響は大きくありません。そのため、単年度の成績によって報酬額にメリハリをつけるよりも、安定した昇給によって職員のモチベーションを高めます。

②管理職層は「役割給」

管理職になると年功的な要素から、成果主義的な要素への転換が求められるため、年功的な報酬である「年齢給」から成果主義的な報酬である「役割給」へ報酬構成を変更します。その結果、年齢に関係なく管理職として期待される役割に応じた「役割給」が支給されることになり、若年層から管理職に抜擢された職員は報酬額が大幅にアップします。

この際、併せて年齢給の昇給を40歳までとすることで、管理職に登用されない職員の昇給を止め、農協職員として順調に成長している職員（管理職）と期待どおりに成長できていない職員（非管理職）との報酬額にメリハリをつけることができます。

③役割給は成績評価と連動

管理職の報酬を構成する役割給については、成果主義的な報酬体系とすることで、できる管理職とできない管理職との報酬額にメリハリをつけ、管理職の成果に対するこだわりを引きだします。

たとえば、等級ごとの役割給に4段階程度の役割給テーブルを設定して、成績評価に連動させて毎年洗い替え方式で役割給の額を決定し

ます。その結果、成績評価に応じて実質的に昇給となる可能性もあれば、降給となる可能性もあります。

　成果主義的な報酬体系とすることで、職員間での公正な処遇を実現するとともに、組合業績と連動して総額人件費をコントロールします。

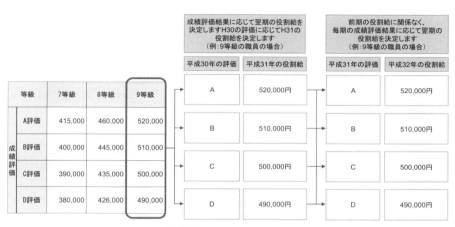

役割給テーブル（例）

14 等級間の重複幅を最低限に抑えた賃金テーブルの設計

(1) 管理職になりたいと思える報酬設計

　　管理職等級と非管理職等級の間では、報酬制度を階差型に設計するなど一定の時間外手当を考慮しても、報酬水準が逆転しないように注意が必要です。この点を誤ると、「管理職になるよりも責任を負わずに時間外手当を含めた高い報酬をもらっているほうが"勝ち組"だ」という間違った発想が組織に蔓延します。

　　管理職登用に対する報酬面での魅力づけをするために、管理職にならない職員の報酬に上限を設けることで不合理な逆転が起きることを防止するとともに、管理職という責任や役割に見合った報酬水準とすることが必要です。

(2) 期待の高まり（能力伸長）に対する昇給額の設計

　　管理職になる手前の等級で滞留している職員に対しても毎年昇給させてしまえば、職員のぶら下がり意識を助長しています。本来、昇給とは職能給であればこの1年での能力の伸長に対して支給するものであり、去年と同じことを同じようにやっていたいと考え、もう若くないので新しいことを覚えるのは難しいと甘えているようなベテラン職員を昇給させる必要などないはずです。

　　さらに、号俸あたり昇給額について等級ごとの標準滞留年数を基準に金額に差をつけることで期待どおりに成長（昇格）している職員とそうでない職員とに差をつけます。たとえば、昇格してしばらくの間は人事評価の結果に応じて十分に昇給させますが、標準滞留年数を超えた場合には昇給額を半分に抑えます。

(3) 昇格意欲を喚起する職能給のテーブル設計

　　職能給テーブルについては、多くの農協で重複型を採用しています。これは重複型のテーブル設計であれば同一等級に留まっていても昇給させることが可能であり、また、昇格時にも昇格昇給の額を抑えた設計が

可能になるなど接合型や階差型と比較して運用しやすいためです。

しかし、等級ごとに職能給の上限を設けずに年功的に昇給を続けると、年齢給の昇給と併せて等級や役職間で報酬の逆転が起こり、職員の成長意欲を減退させるため、職能給には等級ごとの上限を設定するべきです。

さらに、等級間の重複の幅をコントロールし、たとえば下位等級の標準滞留年数時の職能給と上位等級の職能給の下限を同一にすることで早期昇格者は階差的に昇格昇給する一方で、長期滞留者は重複した報酬レンジ内で昇格前の職能給と昇格後の職能給をほとんど同額となるようにし、早期昇格に対する意欲を喚起することも可能です。

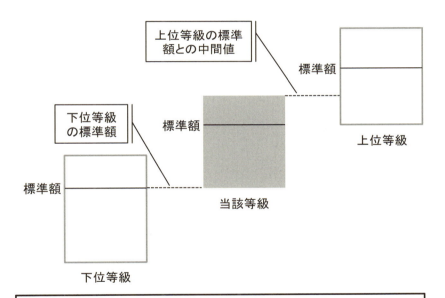

- **報酬の逆転現象を生じさせないために**基本給の幅は上位等級との標準額の中間値を当該等級の上限額とし、下位等級の標準額を当該等級の基本給の下限額とします
- 標準額を超えて昇給する場合の昇給額は**標準額以下と比べて半分に抑え、等級間の重複を標準額の差の半分**にします

昇格意欲を喚起する給与テーブル

15 新制度への移行に対する 激変緩和措置を検討する

(1) 制度移行時には調整給を支給する

報酬制度の移行時には、制度変更によって報酬額が増額する職員がいれば、減額される職員もいます。下位等級に長期滞留している高年齢職員などは、等級ごとに報酬額の上限を設定することによって報酬額が大幅に減額されることになります。

このような場合に、下位等級に長期滞留しているような職員は、もともと報酬水準が高すぎるのだから制度変更によって大幅に減額されても問題ないと言いたい気持ちはわかりますが、報酬額のように職員の生活に直結するものについては減額される職員の生活に配慮することが必要です。

もちろん職員にも生活があるから減額できないと言っていては、総額人件費の高騰が組合経営を圧迫するおそれがありますので、払いすぎているのであれば厳しく減額しなければなりません。

しかし、来年度からいきなり何十万円も報酬額が減額されますよと言われれば、職員としても生活を守るために簡単に受け入れられません。そこで、激変緩和措置として一定期間は調整給を支給して、組合として職員の急激な報酬の減額に配慮することが必要です。この調整給については徐々に減額して最終的にはあるべき報酬額へと収束させます。金額にもよりますが、調整給の支給は3年程度が妥当だと考えています。

第3部

農協に必要な
人材を育成する

16 農協に必要な人材育成制度

（1）農協人を育成するための人材育成制度

　農協人の育成は現場（OJT）に任せておけば実現できるというものではありません。組合として人材育成に対する仕組みを構築して中長期的な観点から人材育成に取り組むからこそ成果が出るのです。そのため、「教育研修」「キャリアパス」「人事評価」の三つが一貫性を持った人材育成制度を構築しなければなりません。

（2）農協らしさを基礎にする農協職員の「教育研修」

　農協人を育成する過程で、必ず農協らしさを身につけたうえで専門性を身につけさせなければなりません。しかし、広域合併によって農協が大規模化し、競合企業等との競争が激しくなると「専門性」の習得に主眼が置かれた教育が中心になっていく傾向があります。実際、現在の農協で実施されている教育の多くは「事務手続」や「推進テクニック」といったもので、中長期的な人材育成の観点ではなく、短期的な業務遂行や目標達成のために実施されているのではないでしょうか。

　たとえば、共済推進について、単に成功者・優秀者の行動モデルをテクニックとして学習することでも短期的な数字は伸びるかも知れません。しかし、本来、農協職員に身に付けて欲しいのは農協が共済事業を実施している意義を理解し、組合員と真剣に向き合い、共済商品の必要性を把握したうえで必要な共済商品を提案するという姿勢ではないでしょうか。当たり前ですが、新規契約を獲得するために親切な組合員に必要以上の保障を提案したり、転換を提案したりすることではありません。

　もちろん、新規契約獲得に対する奨励金や人事評価上の取り扱いが悪いわけではありません。しかし、農協人としての基礎ができていない農協職員が単に推進テクニックだけを身に付けてしまうと自らの利益のために組合員の利益を犠牲にするおそれがあるということは理解しておかなければなりません。

農協職員に求められる能力の全体像

①農協人としての基礎をつくる思想教育

　農協では連合会等が中心となって各事業における手続きや専門知識の習得に関する研修を数多く実施しており、従事する事業に関する最低限の知識は身に付けています。しかし、各事業における手続きや専門知識は農協人としての基礎があって、はじめて機能するものです。農協人としての基礎がしっかりしていない農協職員に対して、いくら専門教育を実施しても十分な効果は得られません。

　農協職員に対する研修として、まずは農協人としての「思想教育」が必要です。「協同組合」、「地域農業」などについて農協職員として当たり前に持っていなければならない価値観を醸成します。これが農協人としての基礎をなすもので、この教育が十分でないと農協職員が株式会社と同様に利益追求型の発想になり農協の強みが発揮されません。

　農協が今後も地域から信頼され必要とされる存在であり続けるためには農協人の育成が不可欠です。競合企業等との競争を意識して、農協が各事業の専門家の育成に人材育成の主眼をおいては、農協の存在感は薄くなるばかりです。

　人と人とのつながりを大切にして農協らしい事業展開を実践できる農協人を育成するために、連合会等を中心に実施されている専門スキ

ル開発の前提として、各単位農協において農協人を育成するための「思想教育」や「基礎スキル開発」を自律的に実施しなければなりません。

②複数事業にまたがるローテーションを前提にした基礎スキル開発

　農協人としての基礎ができたら、次は「基礎スキル開発」です。各事業における専門スキルを習得する前に複数事業にまたがるローテーションを前提に、どの事業に配属されたとしても期待する能力を発揮できるように各事業に共通した基礎スキルを習得させます。

　組合員から「相談され」「期待され」「愛される」存在となるための能力は事業ごとに異なる専門知識ではありません。組合員と良好な人間関係を構築するためのコミュニケーション力や組合員にとって有益と考えられるアイデアを企画・提案する力は信用事業でも営農事業でも、どの事業でも同じです。ただ、コミュニケーションの相手や前提として持っていなければならない専門知識が異なるだけです。

　農協職員にとって最も重要な基礎スキルは「コミュニケーション力」です。つねに職員を介して商品・サービスが組合員に提供される農協の各事業においては「"何を"売っているか」よりも「"誰が"売っているか」が重視されるため、職員がしっかりと自らを売り込むことができなければ組合員から相談される存在にはなれません。

　そのうえで、管理職層には必須のスキルとして「マネジメント力」が求められます。管理職層は個人としての専門性の発揮のみならず、組織として配下職員を育成し、成果をださせることが期待されています。管理職が個人として達成できる成果には限界があります。

　このマネジメント力によって組織の力が2倍にも3倍にもなっていくのです。

　外部講師を招いての推進テクニックの講演やFST（フィールド・セールス・トレーニング）を実施しても、渉外担当者のレベルが上がらないと悩んでいる農協では、多くの場合、渉外担当者に対する「思想教育」や「基礎スキル開発」が疎かになっています。いきなり推進テクニックという枝の議論をしてしまうため、せっかくの研修も職員の身になりません。

③組合員から信頼されるための専門スキル開発

　最後が各事業における専門スキル開発です。必ず、農協人として正しい思想や能力発揮のための基礎スキルを備えた職員に対して、専門スキル開発を実施しなければなりません。農協職員が単なる良い人、親しみやすい人で終わってしまわないように、組合員から信頼される専門家となれるように専門スキルを開発します。

　弊法人が実施した組合員向けのアンケート調査で、農協職員に対する期待が高い資産活用や相続に関する相談には専門知識がなければ対応できません。さらに、営農事業では、より高い専門性が要求され、肥料・農薬に関する知識は当然として、栽培技術、市況動向、消費者ニーズなど農業経営者の関心がわかっていなければ農家と話をすることもできません。専業農家から「用がないなら来なくてもいいよ」と言われてしまっては農協の営農指導員としての立場がありません。

　このレベルになると教育研修だけでは不十分であり、現場での経験（OJT）やキャリアパスと組み合わせて人材育成制度を設計しなければなりません。

職種別人材育成方法① 支店長の育て方

17 農協らしい支店長を育成する

(1) 農協の課題は「支店長」という意見

　　全国の農協に訪問し、役員の皆様と意見交換していると必ず話題に上るのが「支店長のマネジメント力」です。訪問したほぼすべての農協で、支店長のマネジメント力不足が問題視され、自己改革を実践するために支店長のマネジメント力改善は不可避のテーマであると認識されています。

　　意見交換の際に役員の皆様がお話しになる支店長のマネジメント力に対する課題認識は面白いほど共通しており、ほとんどが以下の三つに集約されます。
　①本店・本部の指示に従うのみで自身の意思をもって支店運営をしていない
　②率先垂範の姿勢がなく配下職員がついてきていない
　③判断・決断ができない（自分で意思決定する覚悟がない）

　　配下職員に対するヒアリング調査でも、支店長に対する不満の声は多く、その多くは以下のような不満です。
　①本店・本部の判断ばかり気にして自分で何も決めない
　②改善提案しても「考えておく」というだけで動かない
　③相談しても「そんなことは自分で考えろ」と言うだけで頼りにならない（二度と相談したくない）

　　特に現在のような変革期には組織が迷走しやすく、支店長による支店運営の舵取りが重要になります。そのため、支店長のマネジメント力不足は農協にとって最優先で解決しなければならない重要な課題といえます。

(2) 昇進によって変化する期待される役割

　支店長に対する役員や配下職員の問題認識に対して、支店長に話を聞くと全く異なる見解が返ってくることが少なくありません。一番多い意見が「自分は推進目標を達成しており、支店長としての役割は果たしている」というものです。

　確かに、普段から会議等で説明を求められるのは推進目標の達成状況のみであり、人事評価も推進目標の達成状況に連動しているような環境では、支店長が推進目標のみを意識していても不思議はありません。また、支店長への昇進時に十分なマネジメント教育を受けることなく、急に来月から支店長に昇進という内示を受けても、簡単に自身に期待される役割についての考えや行動を変えることは困難です。過去に渉外担当者として高い成果を上げ組合から評価されていた人ほど、この傾向は顕著であり、支店長に期待される役割を過去の業務の延長線上にとらえてしまいます。

　しかし、支店長は自らに期待される役割は昇進とともに変化することを理解しなければなりません。支店長になる前は自らに課された推進目

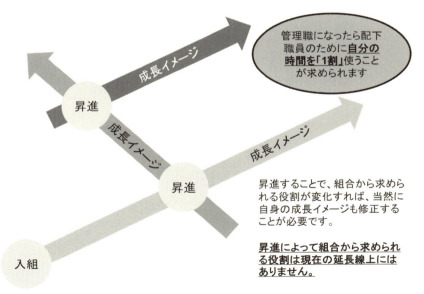

農協職員の成長過程

標を達成することに100%自分の時間を使っていたとしても、支店長に
なればそういうわけにはいきません。支店全体を俯瞰して自分の時間の
使い方を決めなければなりません。

　まずは各農協において支店長に期待される役割を明確にし、役員と支
店長との間で共通認識にすることが必要です。

（3）支店長に期待される六つの役割

　支店長は「一国一城の主」であり、「人」「物」「金」「情報」の経営資源
を活用し、自らの考えを実践することができます。権限と責任とはつね
に整合するものであり、一般の職員とは比較にならないくらい大きな権
限を持つ支店長は、その責任も当然に大きなものになります。つまり、
支店という城を任された支店長は「管理者」としての意識というよりも、
「経営者」としての意識を持って自らの役割を遂行しなければなりません。

①店舗マネジメント

　現在のような変革期において支店運営の舵取りをし、支店を正しい
方向に導いていくことは支店長に期待される重要な役割です。そのた
め、支店長が中心となって支店が一枚岩になっていることが必要であ
り、支店長は配下職員にとっての尊敬や憧れの存在でなければなりま
せん。

　配下職員は支店長の姿を見て自らの将来像と重ね合わせて、希望に
燃え、仕事に対するモチベーションを高めます。その一方で、支店長
の姿に失望し、仕事に対するモチベーションを失う配下職員がいるの
も現実です。やらされ感で仕事をしている支店長と、自ら仕事をして
いる支店長との差は配下職員からみれば一目瞭然です。

　支店内部の人間関係は支店の雰囲気に反映されます。職員同士が本
音で話し合える風通しの良い組織風土の支店では、支店全体が明るい
雰囲気になり組合員も気持ちよく利用することができます。

　支店長は配下職員と「尊敬」「信頼」「期待」で結ばれた人間関係を構
築し、配下職員と本音で話し合える風通しの良い組織風土を醸成する
ことも支店長の店舗マネジメントの一環です。

78

②人材育成

　配下職員のモチベーションを高め、全員に成果をださせることが支店長の役割です。そのためには、配下職員ごとに数値目標を割り振り、徹底した進捗管理によって目標を達成させなければなりません。その際、ノルマによって配下職員を追い立てるのではなく、仕事での達成感によって配下職員を動かし、推進目標の達成に向けて自律的に行動できる人材を育成していくことが必要です。

　支店長は、配下職員の仕事を褒めて認め、仕事に対する達成感が得られるように適切なフィードバックを実施することが必要です。さらに、単に「やさしい」「仲が良い」支店長にならないよう、必要なときには厳しく叱らなければなりません。支店長は「経営者」として自らの信念を持って支店運営することが求められ、絶対に妥協を許さない厳しさをもっていなければならず、配下職員からは「厳しい人」「うるさい人」と思われていることが普通です。

③店舗内事務

　支店長に期待されるのは、店舗内事務に関する事務手続の詳細を知ることではなく、事務手続の流れを理解することです。特に渉外担当者や営農関連部署からの異動によって支店長に昇進した場合に、事務手続に対する苦手意識を感じている支店長は少なくありません。しかし、苦手だからという理由で配下職員に強く指導できないようでは内部牽制も十分に機能しません。また、支店長が事務手続を理解していなければ、リスク管理ができず不祥事の未然防止・適時発見ができません。結果として不祥事が発生すれば、組合員からの農協に対する信頼が大きく毀損します。

　支店長の事務手続に関する意識は配下職員に伝播します。支店長が事務手続を軽視しているような支店では、渉外担当者も当然に事務手続を軽視するようになり、時間外での手続やイレギュラーな手続が頻繁に発生します。支店長は自らが事務手続に関心を持つことは当然ですが、渉外担当者にも事務手続の重要性を理解させなければなりません。

④事業推進

　支店長は、自分の足で支店管内の状況を把握し、積極的に組合員との接点をつくり、自らが地域に溶け込むことが必要です。支店長には地域における農協の存在感を高め、配下職員全員が事業推進をしやすい環境をつくることが求められます。具体的には同行訪問・トップセールス・地域行事への参加など、積極的に顔を売るとともに自らが実体験することで地域特性を把握していきます。支店長が組合員から信頼されることで競合金融機関等との差別化を図ります。支店長という立場になれば、自分の成果を上げること以上に、配下職員に成果をださせるために何ができるのかを考えなければならず、自らが達成した数字に対して満足してしまわないように注意が必要です。

　また、支店全体で目標達成するような働きかけによって渉外担当者が推進しやすい環境をつくることも支店長の役割です。窓口職員にも推進意識を持たせ、渉外担当者がどのような情報があると推進しやすいかを渉外担当者、窓口職員、支店長で話し合い、渉外活動に有益な情報を支店全体で収集するようにします。このような活動は、渉外担当者と窓口職員とのコミュニケーションを促進し、支店の一体感を醸成する効果もあります。

⑤苦情・クレーム対応

　苦情・クレームへの対応は支店長の重要な役割であり、支店長は配下職員のミスには問答無用で責任をとる覚悟を持たなければなりません。仮に報告を受けていなかったとしても、支店長として配下職員の行動に対して知らなかったでは済まされません。苦情・クレームに対しては常に支店運営の最終責任者として対処し、絶対に逃げないことを自らに言い聞かせることが必要です。苦情・クレームを冷静かつ迅速に処理する支店長の姿を見た配下職員は、この支店長についていきたいと感じる一方で、苦情・クレームから逃げる支店長の姿を見ると、いつ自分がトラブルに巻き込まれるか不安になり配下職員は安心して仕事に取り組むことができません。また、リスクを回避するために「何も決めない」「判断しない」「結論を先に延ばす」ような支店長が配下職員にとって一番困ります。支店長が迅速に判断・決断をすることで配下職員に安心感を与えるとともに、苦情・クレームに迅速に対応でき

ます。ただし、支店長の持つ権限を逸脱するような事柄に関しては、躊躇なく本店・本部に相談し独断専行を避けることも必要です。

⑥リスク管理

　支店のリスク管理は支店長の重要な役割であり、日常的な配下職員とのコミュニケーションが最大のリスク防止策であることを意識しなければなりません。不祥事防止のためには、配下職員のことを親身になって考え、プライベートも含めてどんなことでも気軽に相談できる信頼関係を構築することが最も重要です。また、支店運営の責任者として配下職員の心の病を見逃さないよう日頃から関心を持って配下職員と接することも必要です。日頃から関心を持って接していれば、配下職員の小さな変化も見逃さず、心の病を初期段階で発見し対処できるはずです。支店長は、配下職員の人生に責任を持つべき重要な立場であり、配下職員の人生が不祥事や心の病で台無しになってしまわないように責任を持って配下職員と接することが求められます。

（4）当たり前のことができていない支店長の実態

　支店長に期待される六つの役割に対しては、「当たり前のことが定義してある」と感じた農協の役職員の方が多いと思います。しかし同時に、「実際にはこの当たり前のことができていない」と感じた方が少なくないのではないでしょうか。

　「店舗マネジメント」「人材育成」「店舗内事務」「事業推進」「苦情・クレーム対応」「リスク管理」は、支店の責任者としての自覚をもった支店長であれば当然に意識すべき役割であり、突然、新しいことを要求されたわけではないはずです。それでも、この六つの役割を実践できている支店長は多くないのが実態です。

　支店長が当たり前のことができない原因は、支店長が自身の役割をここまでやればよいと低いレベルで決めてしまい、実践している"つもり"になっていることで、周囲からの評価は当たり前のことができない支店長という評価になっているのです。配下職員は支店長の日々の行動や気持ちの変化をよく見ています。支店長が単に本部・本店の目を気にして行動しているのか、地域のため、組合員のために本気で行動しているのか、配下職員はすぐに見抜きます。支店長が繰り返し支店の方針やビジョ

ンを伝えても、そこに支店長の熱意がなければ配下職員は行動しません。また、適当にお茶を濁そうと場当たり的に行動すれば支店長の評価は急落します。支店の責任者である支店長に対する配下職員からの評価は、非常に厳しいものだと覚悟しなければなりません。

（5）支店長の「意識」には大きな差

　実際に全国の農協に訪問し、支店長をはじめとした支店職員にインタビューを実施した結果、支店長ごとの「意識」の差が極めて大きいということに驚きました。支店を取り巻く環境変化を敏感にとらえ、「経営者」として支店運営を俯瞰し改善に取り組んでいる支店長がいる一方で、近視眼的な発想しかできず、視野狭窄に陥り今年度の推進目標達成のことしか考えていない支店長もいます。

　支店の雰囲気を作っているのは間違いなく支店長です。その証明に、支店長を異動させると支店の雰囲気は支店長とともに変わります。そのため、全国の農協において支店長の育成は喫緊の課題であり、支店長は責任感と覚悟を持って職務にあたることが必須の要件です。

【できない支店長の意識】

　近視眼的な発想しかできない支店長にとっては、日々の業務は数字との戦いであり、配下職員を鼓舞しながら1件でも多くの契約を受注し、推進目標達成度が100％になることだけを目指して支店運営しています。このような支店長の意識は支店全体に伝播し、渉外担当者は組合員にとって必要なものを提案するという発想から、ノルマを達成するために売り込む（説得する）という発想に変わります。このような目先の数字だけを追いかける事業活動に終わりはなく、日々ストレスを抱えて組合員を巻き込みながら推進目標達成に向けて汗をかくことになります。

　このような支店長のもとで一緒に働きたい、自分を成長させたいと考える配下職員はおらず、「一緒にいても成長できない」「尊敬できない」「頼りにならない、相談できない」などと配下職員が考えるようになると、支店長と配下職員とのコミュニケーションはほとんどなくなり支店全体が沈んだ雰囲気になっていきます。

【できる支店長の意識】

　農協の代表（顔）として組合員と接し、地域において農協に何ができるのかを常に考えている支店長にとっては、推進実績は結果として達成できるものであり、組合員が満足して契約することを重視しています。このような支店長は、無理な推進はせずに組合員の話をよく聞くため、「支店長に相談してよかった」という組合員の声が配下職員にも聞こえてきます。配下職員は、このような支店長に対する組合員からの評価を誇らしく思い、「この支店長と一緒に働きたい」「この支店長の下で成長を実感している」など自らの業務に意欲的に取り組み、支店全体の雰囲気も良くなります。

（6）「能力」の不足に真摯に向き合う姿勢

　外部環境が急激に変化している変革期には支店長に求められる能力も変化し、これまで成果を出してきた能力が陳腐化し、成果をだせなくなることも少なくありません。現在、農協の支店長が置かれている環境がまさに変革期であり、支店長がこれまで積み上げてきた能力では、支店を統率し、成果をだすことが困難になっています。

【できない支店長の姿勢】

　過去の成功体験や支店長という地位に胡坐をかいて成長意欲を失っている支店長は、急激に変化する環境についていけず、年齢による衰えを理由に環境変化への対応を諦めていたり、過去の成功体験に固執することによって周りが見えなくなり変化に抵抗したりします。このような支店長の姿勢を配下職員は見抜いており、以前は高く評価され、憧れの対象であった支店長が"過去の人"になっていることも多く、全国の農協で「あの支店長は渉外担当者のときはすごかったのに…」という話を聞くことが少なくありません。このような支店長は「俺の時は組合員の家に上がりこんで、ご飯を食べるなんてことは日常茶飯事で、管内の組合員全員が俺の好きな物を把握してくれていた」「30回以上訪問して根負けしたと言ってもらって契約をとった」などと自慢げに武勇伝を語ることも多く、配下職員からは「今は環境が変わったことを全く理解していない」と冷ややかな視線を向けられています。

第3部　農協に必要な人材を育成する　**83**

【できる支店長の姿勢】

　環境変化に対応すべく自己研鑽に励む支店長は、環境や職位によって自らに期待される役割が変化することをよく理解しています。当然、支店長になったからといって学習が終わるわけではありません。農協職員としての最後の1日まで成長するために学習し続けなければならないのです。支店長だってスーパーマンではなく、常に完璧でいることなど不可能です。大切なことは自分の能力の不足から目を逸らすことなく、真摯に向き合うことです。支店長が学ぶ姿を見せることで、配下職員の成長意欲を喚起することもできます。できる支店長は配下職員の言葉に素直に耳を傾けます。わからないことは聞けばいいのです。今、できる支店長ではなくても、配下職員と一緒に成長し、できる支店長になることが大切なのです。

（7）支店長に求められるのは「人間力」

　全国の農協の役職員に対するインタビューで痛感したのは、このような「意識」や「能力」の不足以上に、現在の支店長に決定的に不足しているのは組合員や配下職員をひきつける「人間力」だということです。

　人間力を身につけていない状況で、トップセールスのための交渉力や支店長としてのマネジメント力を学習したとしても効果は限定的です。人材育成の過程は必ず「人間力」（考え方）→「基礎スキル」→「専門スキル」の順番です。短期的な成果を求めて「専門スキル」の教育に力を入れても十分な効果がでないのは、多くの支店長に「基礎スキル」「専門スキル」の土台となる「人間力」（考え方）が身についていないからです。

【できない支店長の印象】

　できない支店長に共通した印象は、①インタビューへの受け答えや態度が「傲慢」である、②現状維持にこだわり、現状を変える提案に「攻撃的」になる、③本部・本店批判や配下職員批判など、まわりが悪いという発想で「言い訳」が多いため、話を聞いていても共感できる部分が少なく、1回のインタビューで十分である（これ以上、話したくない）と感じてしまいます。

【できる支店長の印象】

　できる支店長に共通した印象は、①インタビューへの受け答えや態度が「謙虚」である、②現状を変える提案も「真摯に聴く」姿勢がある、③自支店の課題を客観的に認識しており「建設的な意見」が多く、結果としてインタビュー後も是非また話が聞きたい、と感じさせる余韻を残したインタビューになります。

（8）できない支店長は言い訳が多い

　インタビューを通してみえてきた課題は、できない支店長の多くは、現状に問題があることを認識しているものの、改善しようという意欲にかけているということです。彼らの主張の多くは、業績不振の原因は自分にはなく、本部・本店や役員が意識・行動を変えることが必要だというものであり、自分が変わらないといけないという意識がありません。

　この問題が改善しない原因を外部に求める姿勢は、支店長としての成長を阻害します。支店長と改善について話し合っているときに、支店長から多く聞くのが以下の三つの言い訳です。

①求められているのは推進実績

　支店のマネジメントや配下職員の育成が大切だと言われるものの、結局、支店長会議で問われているのは支店別の推進実績だけです。配下職員を育成しようが放置しようが本部・本店や役員はほとんど関心がありません。中長期的な視点で配下職員の育成を考え、人材育成に力を入れても今期の推進が芳しくなければ激しく叱責されます。このような状況では、誰も人材育成なんて意識しません。みんな、毎月の支店長会議で叱責されないように推進実績をあげることだけを考えています。

②改革すると孤立する

　農協という組織は変化を嫌い、自分だけ改革を志向するとすぐに孤立してしまいます。特に、本部・本店に目をつけられてしまえば昇進の可能性すらなくなるおそれがあり、このような組織のなかで改革を志向するような支店長はいません。みんなが前年踏襲で問題を起こさないことを最重要と考えて仕事しています。

　農協改革と言われ、これまでどおりではいけないという問題意識はあ

第3部　農協に必要な人材を育成する　**85**

りますが、支店長にできることなど限られています。それよりも、余計なことをして孤立することのほうがこわいと感じてしまうのです。

③やりたくてもできない（権限がない）

よく他の金融機関と比較して、農協では支店長になりたい若手が少ないと言われ、支店長に魅力がないと批判されていますが、支店長に魅力がないのは権限がほとんどないからです。我々も他の金融機関の支店長をうらやましく思うことがあります。支店のビジョンを決めて配下職員を統率するように言われても、実際には支店の運営方針を決めているのは本部・本店、もしくは連合会です。

（9）自己改革実践のキーマンは支店長という意識

このような言い訳を聞いていると、支店長の自己改革を主体的に実践するという意識の低さに不安を感じます。自己改革は他人事ではなく、支店長が当事者となって実践しなければならないはずが、評論家のように自身の組織を批判している支店長も少なくありません。

支店長が本気にならなければ自己改革は成功しません。農協の代表（顔）として組合員と接する支店長が変われば、農協に対する組合員からの評価は変わります。支店長に期待される六つの役割を意識して、支店をあるべき姿に向けて方向づけることができれば、農協の支店が地域の真ん中に位置づけられることが実現できるはずです。

(10)大切なのは組合全体で改革を志向すること

支店長にインタビューをしていると「言い訳」が多いと感じるものの、支店長のみで改革を志向することに限界があるのも事実です。役員を中心に組合全体で改革を志向しなければ組織を変えることは不可能です。農協改革が叫ばれるなかで、農協が将来にわたって地域から必要とされる存在であり続けるためには、役員と支店長の思いが一つになっている必要があります。まず役員が本気になって改革を志向し、支店長とコミュニケーションを取り続けて役員の思いを浸透させなければなりません。そして、支店長が安心して改革を実践できる環境を整えたうえで、評価や処遇にメリハリをつけて組合への貢献度を明確にフィードバックすることが重要です。

職種別人材育成方法②　副支店長の育て方

18 農協らしい副支店長（ナンバー2）を育成する

(1) ナンバー2として機能していない副支店長

　農協の副支店長（農協によって支店長代理、係長など名称は異なりますが支店のナンバー2のポジション）のなかで、副支店長に期待されている役割を明確に答えられる人がどのくらいいるでしょうか。おそらく8割近い副支店長が、自身に期待されている役割が明確ではないと感じているのではないかと思います。

　全国の農協で役職員に対して人事・人材育成に関する問題点をお伺いすると「副支店長が自分の担当業務のことしか考えていない」、「副支店長が一般の職員と同じ意識で仕事をしている」など、支店のナンバー2として機能していない副支店長の実態が浮かび上がってきます。現在、農協の役職位のなかで最も有効に機能していないのが「副支店長」だといっても過言ではありません。

(2) 副支店長としての役割を理解していない

　多くの副支店長は、副支店長昇進時に期待される役割に関する教育を十分に受けておらず、自分に何が期待されているのかを理解できていません。支店長不在時には役職者として支店長の代理をしなければならないことをなんとなく理解している程度です。

　副支店長としての役割教育を受けずに、ある日突然、副支店長に昇進した職員のなかには、昇進前の働きが認められて副支店長に昇進したのだから昇進前の働きを継続すればよいと考え、昇進前と同じ意識で担当業務を遂行しているという職員が少なくありません。

【副支店長の役割意識】
（弊法人が実施している研修アンケート結果より）
・融資担当者としてのキャリアを買われて副支店長になっているため、融資に関する専門性を発揮することが自らに期待される役割である（41.2％）

第3部　農協に必要な人材を育成する　87

・渉外担当者としての経験を活かして率先垂範で行動し、推進実績を上げることが自らに期待される役割である（17.6％）

　このような副支店長は店舗マネジメントや支店全体の取組みは支店長の役割と考えており、店舗内コミュニケーションの円滑化や人材育成に関して自ら取り組むべき課題とは認識していません。

（3）後ろ向きな副支店長のキャリア観

　農協と競合金融機関とを比較すると、副支店長の意識（キャリア観）に大きな違いがあります。特に副支店長への昇進年齢が比較的高い農協においては、副支店長は支店長へのステップアップのための役職位ではなく、年功によって与えられる単なるベテラン職員という程度の位置づけになっています。
　このような農協の副支店長は、自分は支店長にはならない（なれない）という後ろ向きなキャリア観を持っており、成長意欲は乏しく、「変えない」「挑戦しない」「無理しない」がモットーだというような人も少なくありません。

【副支店長のキャリア観】
（弊法人が実施している研修アンケート結果より）
・副支店長のままキャリアを終えてもよいと考えている（35.3％）
・あまり多くのことを期待されても自分の能力では応えられない（17.6％）

　次世代支店長候補として支店全体を俯瞰して日々の業務にあたる競合金融機関の副支店長と、ベテランの業務担当者として自らの担当業務のみを粛々とこなす農協の副支店長との成長スピードに差があるのは当然です。次世代支店長候補として副支店長を育成するのであれば副支店長の意識を抜本的に改革しなければなりません。

（4）担当者としての業務で余裕がない現状

　副支店長に対してナンバー2としての役割を意識するように話すと、「組織体制のしっかりしていない農協の支店でそのような話をしても無駄。言っていることはわかるが机上の空論だ」という反論を受けること

が少なくありません。組織体制がしっかりしていない農協の支店では、副支店長といっても名ばかりで担当者として業務せざるを得ないというのが実態なのでしょう。

　仮にそうであるならば、副支店長として高いコスト（給与）を掛ける必要はなく、担当者として他の職員と同様に処遇すればよいはずであり、ベテラン職員のモチベーション維持のために副支店長というポストを用意する必要はありません。

（5）副支店長は配下職員から"役職者"として見られる

　副支店長が自らの役割をどのように認識していようとも、配下職員から見れば"役職者"であることに変わりはありません。副支店長は支店長とともに、困ったとき、悩んだときに頼りにする存在です。

　そのため、副支店長が自らを単なる担当業務のベテランと位置づけ、自らの役割を限定的にとらえているような場合には、配下職員から「副支店長は配下職員の業務にもっと関心を持ち指導して欲しい」、「窓口や支店長に任せるのではなく、もっと組合員への対応を主体的に実施して欲しい」というような副支店長への不満が噴出します。

　職員が成長する過程において昇進は最もわかりやすい分岐点です。職員は昇進することで昇進前に描いていた自らの成長イメージを変更し、新しい役職位で期待される役割を描き直さなければいけません。

　昇進とは「新しい役割を与える」という組合からのメッセージであり、副支店長になった瞬間に一般の職員とは異なる役割が期待されているということを理解しなければなりません。

（6）副支店長に求められるナンバー2意識

　副支店長はいざというときに備えているだけの代役ではありません。副支店長には一般の職員とは異なり、支店のナンバー2としての重要な役割があります。

　副支店長は支店のトップである支店長の考えを徹底的に理解し、支店長の考えを配下職員にわかりやすく伝えるとともに、実現に向けて配下職員を動かさなければなりません。副支店長は支店において配下職員のモチベーションを高め、支店長の目指す方向に配下職員を先導していくリーダーになることが求められているのです。

第3部　農協に必要な人材を育成する　　**89**

そのうえで、副支店長は支店長と得手不得手を補完しあうパートナーとして、それぞれの強みを活かすことができる存在でなければなりません。支店長と副支店長は表裏一体の関係にあり、支店運営において支店長の足りない要素を補うのが副支店長の役割です。

つまり、副支店長が支店運営を俯瞰して、何が足りないかを把握して自らの役割を認識しなければなりません。副支店長の役割は与えられるものではなく、自ら考え、つくりだしていくものです。単なるベテランの担当者としての副支店長ではなく、支店のナンバー2という意識を持ち、支店長と配下職員とをつなぐ架け橋としての副支店長がいることで支店は成長していきます。

（7）支店運営の潤滑油になることはすべての副支店長の重要な役割

支店長と配下職員とをつなぐ架け橋である副支店長は、支店長の考えや指示を噛み砕いて具体化し、配下職員に伝えなければなりません。その際、支店長の指示だからといって配下職員に押しつけるのではなく、現場の実態に配慮しながら最も効果的・効率的に進むように調整することも副支店長の役割です。そのうえで、配下職員の動きを観察し、問題があればタイムリーに支店長に報告・連絡・相談しなければなりません。

（8）支店長の考えを支店に浸透させる

決定した支店の方針について、副支店長が配下職員にネガティブな意見を伝えることは支店にとってマイナスでしかありません。それは、意見の異なる支店長を失敗させて自己の正当性を認めさせたいという副支店長の自己顕示欲であり、そこには当事者として失敗の責任をとるというナンバー2としての責任感は皆無です。無責任に支店長を批判する評論家でしかない副支店長であればいないほうがましです。支店の方針に異議があるならば決定する前にとことん議論をすべきです。

しかし、一旦方針が決まれば、後はどうすればその方針のもとで支店を成功に導くことができるのかを考えるのが副支店長の役割です。支店の方針はどのような環境下にあっても常に一つであり、それを発信するのは支店長の役割です。

副支店長は、支店長の考えを徹底的に理解し、自らの考えに固執することなく支店長の考えを支えることに全力を注がなければなりません。

（9）意思決定に必要な情報を支店長に集める

　自分の考えを持たずに支店長の考えに賛成するだけの副支店長はただの「イエスマン」であり、支店のナンバー2として支店長を支える存在ではありません。副支店長が支店長の顔色をうかがい支店長の機嫌が悪くなるような情報は支店長の耳に入れないようにすると、支店長が支店の実態について正しい状況判断ができなくなります。

　常に正確な情報を迅速に収集して支店長に状況判断を仰ぎ、支店内で問題が発生していれば手遅れにならないうちに支店長に報告するのが副支店長の役割です。支店長にとって気持ちの良い情報ばかりを報告し、支店長の機嫌をとっているような副支店長は、支店のナンバー2として「百害あって一利なし」です。なかには、副支店長が支店長と職員との間に立ちはだかって、支店長の見通しの利かない支店にしてしまっていることも少なくありません。

(10) 支店長を中心に支店を団結させる

　副支店長は支店のナンバー2であり、どのような場面でも必ず支店長を立てなければなりません。いくら副支店長が実力的には支店長と遜色ないといっても組織での序列は支店長が上、副支店長が下です。副支店長は常に"序列二位"であることを意識しなければなりません。

　年齢が逆転している場合など、副支店長が自分のほうが知識や経験が豊富だと勘違いして支店長を軽視している支店では、支店長を中心に支店が一つにまとまるはずがありません。副支店長は支店長を尊敬し敬意を払って支店長と接しなければなりません。仮にどうしても支店長が尊敬できない場合でも、外見的には支店長を尊敬する姿勢を示し、飲み会の席であっても配下職員に対して支店長の悪口を言ってはいけません。配下職員から内心は支店長を軽んじていることを見透かされるようでは副支店長失格です。

(11) 強い支店にはできるナンバー2がいる

　強い支店をつくるためには、夢や理想を本音で語りあえる支店長と副支店長が必要です。支店長と副支店長が同じ理想を目指している支店は、雰囲気をみればすぐにわかります。そのような支店では職員が発揮するエネルギーが違います。支店長が自信を持って支店の方向性を示し、副支店長がナンバー2としてそれを支え、配下職員は支店長が目指す方向に向けて活き活きと仕事をしています。

　支店が組織としてより機能的で、より生産的であるためには、支店長と副支店長が強固な信頼関係でつながっていることが重要です。支店長と副支店長は日頃からよく話し合い、二人三脚で支店運営をしていかなければなりません。

職種別人材育成方法③　渉外担当者の育て方

19 農協らしい渉外担当者を育成する

（1）農協の未来を左右する渉外担当者の育成方法

　多くの農協において渉外担当者という仕事のイメージを聞けば「日々、"ノルマ"に追われて大変な仕事」「毎期、毎期、新契約獲得に追われて終わりがない」というような意見が返ってきます。本来、組合員と直接的な接点を持ち、農協の商品・仕組みの良さを伝えることで組合員から感謝される"やりがい"のある渉外担当者という仕事が、"ノルマ"をこなすだけの単なる売り子として認識されていることは農協にとって大きな損失です。

　渉外担当者がこのような意識になるのは、目標数字の意義を示さずに、ただ言われた通りに推進してこいと頭ごなしに命令されているからです。そのうえ、推進実績だけが評価される環境で仕事をしていれば、渉外担当者が推進目標の達成を最優先に考えて"ノルマ"をこなすだけのただの売り子になるのは当然です。

　正しく育成すれば組合員と農協とをつなぐ架け橋となる渉外担当者を、組合員にお願いするだけの売り子にしてはいけません。しかし、現実には短期的な推進実績だけを求めて、場当たり的な打ち手として共済の売り子を大量生産している農協が少なくありません。

（2）視野狭窄に陥った支店長が渉外担当者を勘違いさせる

　最近では、「数字」を作ることができる渉外担当者に気をつかい、なんとか渉外担当者の機嫌をとって、がんばってもらわなければ困ると考えている支店長が増加しています。このような支店長のへりくだった姿に対して、渉外担当者は「数字さえ作ればよい」と勘違いしたり、「支店長から数字を押しつけられて、自分だけが大変な仕事をしている」と考えたりするようになります。

　実際に、渉外担当者と話をしていると自分だけが大変な思いをして、支店業績のために契約をとってきているのだから、内勤職員が多少無理

第3部　農協に必要な人材を育成する　93

な事務処理をするくらい当然であり、書類に不備があっても、それは内勤職員が直せばよいという意識になっている渉外担当者が少なくありません。

このように渉外担当者の多くは「目標がきつい」「目標へのプレッシャーに耐えられない」「自分一人が支店の数字を作っている」など、推進目標に対して過度なストレスを感じています。そのため、組合員と信頼関係を構築する重要な職務であるはずの渉外担当者としての期間は我慢の期間であり、3年〜5年で"卒業"したいと多くの渉外担当者は強く願っています。

（3）渉外担当者を"卒業"の対象とすると渉外活動の本質を見失う

渉外担当者の「終わりがみえないから辛い」という声に対して、渉外担当者としての最長年数を設定して"卒業"の対象としてしまえば、名実ともに渉外担当者としての期間が我慢の期間になります。

こうなると、各職員の適性とは関係なく、全員が渉外担当者を経験しないと不公平だという声が上がるようになり、適材適所の人員配置によって組合員に提供できる価値よりも、全職員が平等に嫌な仕事を引き受けるべきだという考えが優先されます。

この考えのもとでは、多くの渉外担当者は組合員との長期的な関係構築を意識することなく、短期的な"ノルマ"達成のための売り込みに注力し、渉外活動の本質を見失います。その結果、組合員との人間関係が希薄になり、渉外担当者を信頼して取引しているという組合員はほとんどいなくなります。

なかには、組合員にとっての必要性とは無関係に、"ノルマ"達成のために、お願いし、お付き合いで契約してもらうことを繰り返したあげく、あまりやりすぎると支店長に囲い込まれて卒業できなくなるから、"数字"作りはほどほどにしておいたほうが良いという渉外担当者の本音を聞くと、このような渉外担当者に付き合わされる組合員がかわいそうに思えます。

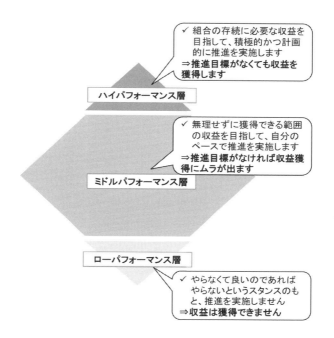

推進目標がないときの渉外担当者の行動

（４）推進目標をなくすと"やりがい"が消える

　渉外担当者の育成に悩む農協の人事部長と話すと「推進目標が厳しいと若手職員が辞めてしまうので、プレッシャーやストレスを取り払うために推進目標をなくしてはどうか？」という相談を受けることがあります。競合の金融機関が推進目標を持たせない方針に変更しても成果があがっているという話を聞いただけで、推進目標が渉外担当者のモチベーションを下げる原因だと考えている人事部長もいます。

　しかし、推進目標をなくすという考え方は、推進目標がなくても"使命感"だけで行動できる成熟した組織でなければ機能しません。渉外担当者のモチベーションが低くて困っているような農協で推進目標をなくせば、単に渉外担当者の甘えを助長するだけです。

　実際に、成果をだしている渉外担当者は「目標達成したときの達成感はやめられない」「周囲の仲間（職員）に支えられて目標達成しており、やりきったときの一体感はその他の活動では絶対に得られない」など、

第３部　農協に必要な人材を育成する　95

推進目標に対するプレッシャーやストレスを前向きに乗り越えています。「目標がきつい」「目標へのプレッシャーに耐えられない」など、辞めていく渉外担当者の声が強く印象に残っているかもしれませんが、一方で推進目標に対する達成感を喜びに感じている渉外担当者も必ずいます。

　一部の渉外担当者の甘えに反応して、成果をだしている渉外担当者からやりがいを取り上げてしまえば、農協が守るべき職員を間違えていると言わざるを得ません。

（5）農協の仕組みが数字にしか興味がない渉外担当者をつくる

　渉外担当者を競争させて叱咤激励し、成果を上げた渉外担当者に多額の奨励金を支給するだけで、渉外活動に"やりがい"を感じ、やる気をだすことができる職員はほとんどいません。仮にいたとしても渉外活動が"お金"のための活動である限り、その渉外活動は組合員との信頼関係を構築するための重要な職務ではなく、短期的な契約獲得のための営業行為でしかありません。

　渉外担当者に対する手当の増額も数字にしか興味のない渉外担当者をつくるおそれがあります。渉外担当者のモチベーションを上げなければならないと悩む農協では、渉外担当者に対する手当の増額が頻繁に議論されていますが、手当の増額によるモチベーション維持には短期的な効果しかありません。その証拠に、このような農協では一定期間を経過すると再度、手当の増額の議論をしていることが少なくありません。

　渉外担当者に対して金銭的に報いたいと考えている人事担当者には、渉外担当者は他の職員よりもきつい仕事であり、我慢してやってもらっているという発想が根底にあります。このような発想が、渉外担当者の被害者意識を増長し、渉外担当者として当たり前の仕事をしただけにもかかわらず、手当など特別な報酬がなければ割に合わないと渉外担当者に考えさせるようになります。

　渉外担当者をお金で釣るような仕組みによって、渉外担当者が短期的な"数字"の積上げに邁進することで、組合員と農協との間に不信、迷惑、失望といった負の感情が生まれ、心の距離ができてきます。それでも、渉外担当者は組合員の感情はお構いなしに、訪問しやすい組合員のお宅に訪問し、とれるだけの契約をかき集めてきます。

　このような渉外活動は、中長期的には農協事業の根幹である組合員と

の信頼関係を腐らせます。実際に、渉外担当者が"数字"のみを意識している農協では、組合員の1回きりの契約が多く、家族や友人・知人の紹介もほとんどありません。1回目の契約は話が上手ければとれるものです。しかし、農協の商品・仕組みに本当に満足していなければ2回目の契約を獲得することは難しく、家族や友人・知人を紹介してもらうことなど期待できません。

(6) 農協内の渉外担当者の位置づけを変える

　共済の売り子に成り下がり、組合員に向き合うことを忘れた渉外担当者に対して、小手先の制度変更を実施しても根本的な解決策にはなりません。組合員と直接接点を持つ渉外担当者が被害者ではなく、組合を代表する"花形"職務と位置づけられるようにならなければ、渉外担当者が組合員と農協をつなぐ架け橋になることはできません。

　現時点では、このような話は究極の理想論に感じられるかもしれませんが、農協の渉外担当者の目指すべき姿としてしっかりと理解していただきたいと思います。

(7) 渉外→内勤→渉外は優れた"農協人"の証

　競合の保険会社をはじめとして、渉外担当者は組織を代表して顧客と接する"花形"職務であり、誰でも希望すればなれるわけではありません。なかでも、「エグゼクティブ」と名の付く渉外担当者などは、組織のなかでも羨望のまなざしを向けられる特別な存在です。彼ら／彼女らは生涯パートナーとして、顧客の人生に寄り添い、自分（会社）との出会いが顧客の人生をより良いものにすると心から信じています。

　一方、農協では、短期間でのローテーションを繰り返し、短期的な"数字"の積み上げに汲々として、渉外担当者という職務を逃げるように"卒業"していくため「エグゼクティブ」は育ちません。組合員に本当に価値を提供できる「エグゼクティブ」渉外担当者には、農協の使命への理解と農協内の多様なネットワークが必要です。

　一般的に、このような考え方や能力を有しているのは10年目以降の職員です。このような職員は、農協の事業をひととおり経験して、農協が信用事業や共済事業を営むことの意義や使命を理解しています。また、農協の強みである総合事業という特徴を生かすべく組合員からの様々な

第3部　農協に必要な人材を育成する　　**97**

相談事項に対応するため、農協内のしかるべき部署と連携した実績にもとづく多様なネットワークを持っています。

ただし、これまで渉外担当者を経て内勤になった職員が、再度渉外担当者として外にでることは左遷のような扱いを受けていました。そのため、内勤を経験し農協職員として脂ののった職員が再度、外にでる機会を与えられることこそ優れた"農協人"の証であることを農協内の共通認識にすることが必要です。

このようにすることで総合事業にまたがる知識を持った「エグゼクティブ」渉外担当者が、真に組合員の人生に寄り添い、生涯のパートナーとしての価値を提供することができるようになるのです。

（8）渉外担当者を放りだしても成長しない

渉外担当者に目標数字を与えて「やってこい」と放りだすだけで農協らしい渉外担当者が育つことはありません。また、成果を上げた渉外担当者に多額の奨励金を支給することで渉外担当者のやる気を引きだそうとすると、上位20％の渉外担当者が手厚い報酬を得る一方で、多数の渉外担当者の報酬は変わらない、もしくは低下します。これでは、農協を代表して組合員と接点を持っている多数の渉外担当者のモチベーションを低下させるだけです。

農協らしい渉外担当者を育成するためには、「やればできる」というOJT頼みの精神論・根性論でもなければ、鼻先に人参をぶらさげるような報酬の仕組みでもありません。渉外担当者の成長段階（キャリアプラン）を見える化するとともに、成長する過程で直面する各段階の落とし穴にはまらない仕組みを構築しなければなりません。

（9）（落とし穴①）新人教育の不足で渉外担当者がつまずく

最近では、新入組の職員をいきなり渉外担当者として組合員のもとに訪問させるという農協も少なくありません。なかには、新人教育として最低限の事務手続きや端末の利用方法のみを教育して、後は現場で学べばよいと考えている農協もあります。しかし、このような新人教育が渉外担当者の最初のつまずきになっています。

若い渉外担当者に新人教育について話を聞くと「最初にもう少し教えてほしかった」と多くの渉外担当者が答えます。特に、最近はこの傾向

が強いようで、ベテランの渉外担当者のなかにも「以前は先輩がついて
くれて教育してくれたが、最近の渉外担当者はいきなりひとりで放りだ
されるのでかわいそうに思います。ただ、全員がノルマに追われ、事務
手続きは増加するなかで、新人を気に掛ける余裕のある渉外担当者はい
ません」と新人教育に問題意識を持っている方が少なくありません。

(10)（解決策①）新人には「考え方」「回り方」「接し方」を教える

　新人に対する教育の不足が渉外活動を非効率にしているだけではな
く、共済の新契約だけ獲得していれば問題ないという共済ノルマ達成至
上主義の温床にもなっています。人事担当者は、新人教育がその後の職
員の仕事観・キャリア観に重要な影響を与えることを十分に認識して、
渉外担当者の新人教育のあり方を再考しなければなりません。

【農協の渉外担当者としての考え方を教える】

　組合員との信頼関係構築を重視する農協らしい渉外活動のあり方は、
新人時代に徹底して染み込ませなければなりません。見よう見まねで渉
外活動を実施し、中途半端に数字が作れるようになると、それらを成功
体験と勘違いして農協らしい渉外活動のあり方を見失いがちです。

　実際、先人たちが作り上げてきた農協と組合員の信頼関係の基盤を当
然のものとして勘違いして、築かれてきた信頼関係を切り売りすること
で実績を作っている職員が存在します。このような職員が実績のみで評
価されていると、組合員のためにという正しい考え方をしている職員に
とってはモチベーションを下げる要因にもなります。

　奨励金などの“お金”に釣られて数字作りに没頭し、共済の売り子に
なってしまった渉外担当者の意識改革を行うことは相当な労力を要しま
す。あるべき姿を話せば、“白々しい”と鼻で笑い、「契約額こそが渉外
担当者の存在意義だ」と本気で言いだすのですから、農協人としての教
育を間違ったと言わざるを得ません。本部研修のなかで協同組合思想を
しっかりと教育し、支店長が日々の会話のなかで農協の渉外担当者とし
ての正しい考え方を繰り返し伝えることが必要です。

第３部　農協に必要な人材を育成する　**99**

【担当エリアの回り方を教える】

　新人渉外担当者の担当エリアを決め、目標を与えて、「がんばってこい」と言っても、そもそもどのように訪問対象先を特定して、どこから回り始めればよいかを判断することができません。実際に、新人渉外担当者に「君の担当エリアはここだから、訪問計画を立てて、目標達成に向けてがんばって欲しい」とだけ伝え、数日間様子をみていると、頭を抱えてほとんど何もしないでしょう。

　新人渉外担当者に対して担当エリアを割り当てたら、農協の内外にある情報をどのように分析・整理し、行動計画を作成するのかを丁寧に教えなければなりません。

　たとえば、不動産登記簿謄本の抵当権設定欄で他行情報を得て、その組合員にアプローチすることは、ベテランの渉外担当者にとっては当然のことですが、新人渉外担当者にはそのような知識はありません。また、前任の渉外担当者から引き継いだ集金先を訪問するだけで渉外活動をやった気になっている新人渉外担当者には、住宅ローン獲得のために地元の工務店や不動産業者を訪問するという発想はありません。このような活動は渉外の基本動作であり、試行錯誤の結果として身に付けるのではなく教育によって教えるほうが効率的です。

【組合員にかわいがられる接し方を教える】

　組合員にとって農協の渉外担当者は、一見の営業マンではなく、"我が家の担当者"です。そのため、組合員はものを知らない渉外担当者に対しても丁寧に、時に厳しく農協の渉外担当者のあり方を教えてくれます。つまり、農協の新人渉外担当者は組合員に対する訪問活動を繰り返しながら、組合員に育成してもらうという恵まれた環境にあります。

　しかし、最近ではこのような組合員との人間関係を構築できない渉外担当者が増加しています。このような渉外担当者は、決して他人との会話や人付き合いが苦手なわけではなく、目上の人との会話に慣れていないだけです。自分の祖父母と同年代の組合員とどのような会話をして、どのように"かわいがってもらえばいいのか"を教えることで"新人の強み"を発揮して組合員に育ててもらえる愛嬌のある渉外担当者になります。この点、組合員との付き合い方がよくわかっている支店長が、渉外担当者に人間関係の作り方のノウハウを惜しみなく伝授することで渉

外担当者は会話のコツを掴んでいきます。

(11) (落とし穴②)「昨年と同じ」という停滞感に渉外担当者がつまずく

適切な新人教育によってスムーズに渉外活動をスタートした渉外担当者も新契約至上主義の目標設定により、毎期、毎期リセットされる "ノルマ" に追われるという無限ループのなかで、自らの成長を実感できず停滞感に苛まれます。

多くの渉外担当者にとって、1年目は新しいことへの挑戦、2年目は経験を活かした成長の実感、3年目は集大成、後は4年目、5年目、6年目とひたすら続く "ノルマ" との闘いになっています。これでは5年が限界で、卒業したいと考えるのも無理はありません。地縁・血縁を使い果たした渉外担当者が燃え尽きるのも5年目くらいです。

いくら奨励金や手当を積み増しされても、毎期、毎期、新たに設定される新契約額の "ノルマ" にやりがいをもって取り組む奇特な渉外担当者はいません。人事担当者は、渉外担当者を十把一絡げに扱い推進目標の達成度のみで差をつける人事制度が、渉外担当者の "5年燃え尽き症候群" を生みだしていることを理解しなければなりません。

(12) (解決策②-1) 渉外担当者が成長を実感できる能力に応じたランク分け

現在、多くの農協で採用している職能資格制度にもとづく等級制度では、4年～6年を標準滞留期間とする等級が設定されています。しかし、毎期リセットされる新規契約の獲得という "ノルマ" に対して、4年以上も繰り返し同じモチベーションで渉外活動を実施することはできません。

渉外担当者のモチベーションを維持するには、より短期間で成長を実感できるように、各等級に求められる能力要件とは別に渉外担当者としての能力要件を「渉外ランク」として詳細に設計し、渉外担当者としてのキャリアパスを明確にすることが有効です。

「渉外ランク」ごとに渉外担当者に求められる能力を定義することで、各渉外担当者の解決すべき課題や必要な支援が明確になり、本人の成長意欲を喚起するとともに支店長による適切な支援を促すことができます。渉外ランクを上げるために必要なことは能力であり、年数ではないことに注意が必要です。

第3部 農協に必要な人材を育成する **101**

(13) (解決策②-2) 累積契約額を処遇に反映する

　毎年リセットされる新契約至上主義の目標設定は、毎期、毎期、同じことの繰り返しを渉外担当者に要求し、長期間、渉外担当者としての職務を続けることが、苦痛になる原因の一つです。

　渉外担当者としての期間に獲得した契約件数や契約額を累積して昇給・昇格に反映し、過去の業績貢献を含めて自身が積み上げてきた契約件数や契約額を振り返ることで、渉外担当者として成長を実感することができます。さらに、累積件数・累積額に応じて賞与の支給月数や手当を加算することで長期間、渉外担当者としての職務を続けることに対するインセンティブを与えることもできます。

【累積契約額に対するインセンティブ（例）】
　①累積契約額を昇格基準として設定する
　②累積契約額に応じて賞与の支給月数を加算する
　③累積契約額に応じて手当を加算する
　④累積契約額に応じて組合内FA権[1]を与える

(14) (落とし穴③)「どうせ無理」 という焦燥感に渉外担当者がつまずく

　4年～6年を標準滞留年数とする等級制度では、能力に差がある渉外担当者が同一等級で処遇されてしまうため、目標設定に各渉外担当者の能力差が十分に反映されません。そのため、能力の高い渉外担当者にとっては容易に達成できる目標値となり、一方で能力の低い渉外担当者にとっては達成が困難な目標値となります。

　目標は、渉外担当者のがんばりによってぎりぎり達成できそうな水準に設定すべきであり、最初から達成困難な目標ではモチベーションを向上させることはできません。そうかといって、何の基準もなく支店長から高い目標を与えられる渉外担当者がいたり、低い目標を与えられる渉外担当者がいたりすると、渉外担当者間での不公平感が強く、より高い

---

*1. FA権とは、職員自身が希望する職種・職務に就きたいときに自由に申請できる権利です。最近では系統外部の金融機関などに出向させている農協もあります。

目標を与えられた渉外担当者の不満につながります。

　多くの場合、より高い目標を与えられた渉外担当者は、支店長が能力を高く評価している渉外担当者であり、このような渉外担当者が高い目標を与えられたことに不満を感じてモチベーションを低下させてしまえば支店にとって大きな損失です。

(15) (解決策③) 能力に応じた目標設定で勝ち癖をつける

　渉外担当者の育成に必要なのは、上位20%の渉外担当者を過度に称賛し、競争を煽ることではなく、渉外担当者の80%に目標達成させることで勝ち癖をつけることです。そのためには、能力に差がある渉外担当者を十把一絡げにして目標設定するのではなく、各渉外担当者の能力に応じて目標設定しなければなりません。

　解決策②で解説した「渉外ランク」を設定することにより、各渉外担当者の能力が明らかになれば、各渉外担当者の能力に応じた目標設定が可能です。

　現状では、新人以外はすべての渉外担当者に同じ推進目標を与えている農協が多いですが、渉外担当者の能力に応じて適切な目標水準にすることで上位20%の渉外担当者も目標達成後に手を抜くことなく、また、下位の渉外担当者も目標達成できない焦燥感でモチベーションを下げてしまわないように、最後まで渉外担当者の行動を引きだすことができます。そのうえで、「渉外ランク」（目標の難易度）ごとに目標達成のインセンティブに差をつけることで、組合業績への貢献度に応じた処遇が可能になります。

(16) (落とし穴④) 「組合員のためではない」 という罪悪感に渉外担当者がつまずく

　渉外担当者のキャリアやモチベーションを意識しながら人事制度を設計したとしても、渉外担当者が推進の目的を見失い、組合員に対して農協の商品や仕組みを押しつけていると感じてしまえば、渉外担当者が"やりがい"のある職務にはなりません。最近、多くの渉外担当者と話をするなかで最も重要な問題点と認識しているのが、この罪悪感によるつまずきです。

　渉外担当者にとっての"やりがい"とは組合員の役に立っている（感

謝される）と実感できることです。しかし、"ノルマ"に追われ、会議のたびに数字で叱責される生活が続くと、怒られたくないという気持ちが先行し、会議で怒られないための数字づくりに奔走するようになります。このような渉外担当者が推進目標を達成したときに得られるのは、達成感や自己成長を伴う充実感ではなく、これで怒られないですむという安堵感です。

渉外担当者の"ノルマ"達成のみを意識し、組合員の必要性を考えて農協の商品・仕組みを提案するという活動を怠り、自らの"ノルマ"達成のためにお願いするという活動に傾注するようになれば、組合員と渉外担当者との信頼関係は失われます。

(17) (解決策④-1) 組合員が満足した結果としての契約のみを評価する

推進目標を達成することは、渉外担当者に課せられた役割です。しかし、そのことが最優先事項となり、組合員の必要性などお構いなしに"ノルマ"達成のためにお願いを繰り返す渉外担当者を評価してはいけません。お願いでも、お付き合いでも、なんでもいいからとにかく数字をつくればよいという組織風土が渉外担当者を間違った方向に走らせます。

渉外担当者の役割は、単に「推進目標を達成すること」ではなく、「組合員に満足していただいたうえでの契約によって推進目標を達成すること」です。この点をはき違えてはいけません。そのため、"ノルマ"達成のための数字の積上げについては評価しないという姿勢を徹底し、共済の短期解約や説明不足による苦情・クレームについてはマイナス評価（ペナルティ）とするなど厳格に管理します。逆に、契約の継続年数が長い渉外担当者はプラス評価すべきであり、新規契約額だけではなく平均継続年数を人事評価に反映します。

しかし、実際には契約額に色をつけて正しい契約額のみを単年度の評価に反映することは困難なため、一定期間の累積の解約率を昇格時に考慮するなど、より長期的な観点で人事評価へ反映することが現実的な場合も少なくありません。

(18) (解決策④-2) 推進実績とは別に渉外担当者の能力を評価する

短期的な新規契約額のみを重視する評価の仕組みが、渉外担当者を"ノルマ"達成志向の共済の売り子にしてしまうため、「渉外ランク」にもと

づいて渉外担当者の能力伸長を人事評価に反映することが重要です。

　支店長（評価者）の重要な役割は、渉外担当者の推進プロセスを観察するとともに、定期的な面談によって渉外担当者の行動を把握し、その能力を正しく評価することです。このとき、数字ができているから能力があると短絡的に結びつけてはいけません。短期的な推進実績とは切り離して、「渉外ランク」に定められた能力を発揮していることを評価し、農協らしい渉外担当者を適切に処遇します。

　成績と能力を区別して評価することにより、再現可能性の低い推進実績は今期の賞与に反映する一方で、来期以降も継続して発揮が期待される能力は昇給・昇格に反映させるなど、処遇にメリハリをつけることができます。

(19) 対処療法の積み重ねでは問題解決できない

　多くの農協で形成されている「共済の売り子」としての渉外担当者のキャリア観が負の遺産としてのしかかり、渉外担当者が農協の渉外担当者としてのあるべき価値観を形成できていません。このような状況において、渉外担当者の在任期間に限度（卒業）を設けたり、出来高に対する奨励金を高めたりするような対処療法を積み重ねても、農協らしい渉外担当者は育成できません。

　渉外担当者を「我慢の期間」として位置づけている職員にとって、渉外担当者を農協における「花形」と考えるキャリア観は衝撃を与えることになります。組合として"覚悟"が決まったら、後は教育やキャリアパスまで含めた人事制度を一気呵成に変革することです。

　信用事業・共済事業の組合業績に占める割合が大きいほど、渉外担当者の変革にはリスクがあると躊躇しがちです。しかし、信用事業・共済事業の重要性が高いほど、このままの状態を放置することのリスクがあると認識しなければなりません。

第3部　農協に必要な人材を育成する　**105**

職種別人材育成方法④　営農指導員の育て方

農家から信頼される営農指導員を育成する

（1）営農指導員が育ちにくい農協のキャリアパス

　2009年の組合員に占める准組合員の割合が過半数を超えていることからもわかるとおり、多くの農協が信用事業・共済事業を核とした事業成長を志向し、総合農協としての経営基盤を拡充してきました。これにより地域農業を支援するために必要な農協の支援体制を整えてきたことは事実です。

　しかし、そこで求められている職員は、信用事業・共済事業において能力を発揮できる職員です。そのため、農協におけるキャリアパスの中心が営農事業ではなく、信用事業・共済事業を基本とした総合職のキャリアパスになっています。

（2）信用事業・共済事業を中心とした短期でのローテーション

　そのうえ、信用事業・共済事業を中心にした短期でのローテーションが営農指導員の成長を阻害しています。本来、営農指導員は地域農業（農家）の事情を理解し、受け入れられることで地域に密着して経験を蓄積し、時には地域農家に教えてもらいながら営農のプロとして成長していくはずです。

　しかし、短期でのローテーションの対象になることで農家と十分な信頼関係を築くことができていません。実際に「せっかく教えてもすぐに新しい職員に代わる」「お互いの理解がすすんで、これからいろいろ相談しようと思ったら異動になる」という農家の不満を聞くことは少なくありません。

　過去には、信用事業・共済事業で得られた剰余をもとに地域農業を支援するという総合農協のビジネスモデルがねじ曲がって解釈され、収益性の高い信用事業・共済事業が優良事業であり、赤字部門の営農事業には、信用事業・共済事業で活躍できない職員が配置されるというローテーションがあったことも事実です。

(3) 農協から流出する営農指導のスペシャリスト

　また、誤った成果主義や目標管理の導入も農協内部に営農軽視の組織風土を醸成します。その結果、目標数値が過度に重視され、数字を作れる職員こそが優秀な職員であり、数字を作れない職員は問題職員だというような発想が蔓延し、人材育成の主眼が金融マン・営業マンの育成に置かれ、営農指導員の育成が軽視されます。

　このような農協では、農協の競争力の源泉であるはずの営農指導のスペシャリストが育成されないばかりか、処遇に不満を感じた営農指導のスペシャリストが農協から競合に流出し、農協と競合するという事態になっています。

(4) 営農指導員を適正に評価できる人事制度への転換

　農協から転職していく営農指導のスペシャリストの多くは、自らの専門領域に関する極めて高度な専門知識・能力を有していながらも、総合職として求められるマネジメントに関する能力が十分でないがゆえに管理職に登用されることはなく、その専門知識・能力に対して過小に評価されていることに不満を感じています。

　しかし、組合員の職員に対する要求が高度化・多様化するなかでは、プロ農家と向き合える専門性を持った営農指導のスペシャリストにこそ能力発揮してもらわなければならず、総合職の枠組みでは高く評価することができない営農指導のスペシャリストに対するキャリア形成（ローテーション含む）や処遇の見直しが必要です。

(5) 営農指導員に"安心感"を与え成長意欲を高める「専門職コース」

　営農指導員のように特定分野における高度な専門知識・能力を求められる職員を育成するためには、他の多くの職員（総合職）とは異なるキャリアを認めることが必要であり、「コース別人事制度」の導入が有効です。

　コース別人事制度によって、総合職とは別に「専門職コース」を設定することで、営農指導員を信用事業・共済事業のローテーションの影響を受けることなく、中長期的な観点で専門知識・能力を育成することが可能になります。また、営農指導員にとっても専門分野に特化できるキャリアが確立されていることで安心して能力を伸ばすことに専念できます。

【コース別人事制度（例）】

（総合職コース）

　農協の総合事業を経験しながら農協らしさと専門性を両立し、農協事業を俯瞰的にとらえることができる管理職として活躍を期待する職員

（専門職コース）

　専門分野における業務を積みながら経験や知識を習得し、熟練した極めて高度な技能を発揮する専門家として業務を遂行することを期待する職員であり、具体的には、営農指導、農機などに関する専門的な業務に従事する職員

（6）営農指導員に"やりがい"を与える「等級」「人事評価」「報酬」の仕組み

　「専門職コース」として営農指導員を独立したキャリアとして認め、営農指導員にふさわしい「等級」「人事評価」「報酬」の仕組みで処遇することで、営農指導員は自らの専門知識・能力が必要とされている（評価されている）という承認欲求が満たされます。

　総合職と同じように信用事業・共済事業を幅広く経験させ、組織や配下職員に対するマネジメント手法を習得させても、組合員から必要とされる営農指導員を育成することはできません。ましてや総合職と同じ基準で評価し、視野が狭い、業務の幅が狭いと叱責することに意味はなく、営農指導に関する専門知識・能力を磨き上げるための営農指導員にふさわしい人事制度が必要です。

①営農指導員の成長過程を明確にする（等級）

　高度な専門性を備えた営農指導員を育成するための等級要件については、第2部の補論①「営農指導員の成長過程が明確になるランク分け」で詳細に記載していますのでご参照ください。

　営農指導員に求められているのは、幅広い業務に精通し、農協事業全体を俯瞰して組織をマネジメントすることではなく、指導に関する高度な専門知識・能力です。この営農指導に関する高度な専門知識・能力を「営農指導力」の一言でまとめてしまうと、営農指導員の成長の道標を明らかにすることはできません。そのため、ベテラン営農指導員の知識や経験を体系化し、その"感覚"を見える化することで若い営農指導員の成長の道標とします。

②営農指導に関する高度な専門知識・能力を評価する（人事評価）

　営農指導員としての役割は、購買・指導・販売が三位一体で取り組まなければ実現できないため、「指導購買」「栽培指導」「販売指導」に関する一気通貫での高度な専門知識・能力が求められます。また、農家からは農業経営の特徴・リスクを理解して総合的な相談に応じることができる「経営指導」に関する専門知識・能力に対する要求が高まっています。

　これらの能力は「論理的思考力」「提案力」などの一般的能力として評価することが難しく、具体的な専門能力として評価する必要があります。営農指導員は総合職と異なり、事業計画を策定したり、部門方針を策定したりできなくても構いません。その代わりに、しっかりと農家と向き合い、農家から信頼できるアドバイザーとして必要とされることを目指すべきであり、そのために必要な専門知識・能力で評価するべきです。

【能力評価項目：指導購買（例）】

（営農指導員　初級）

　担当地区の主要品目に関する育苗・栽培管理、土壌、肥料、堆肥、病害虫、雑草防除を理解し、農薬の正しい使用方法、使用量を農家に伝えて安全・安心な農産物の生産を促進できる

（営農指導員　中級）

　担当品目の育苗・栽培管理、土壌、肥料、堆肥、病害虫、雑草防除に関する最新情報を有し、生産者との会話や相談に応じるなかで最適な肥料・農薬や生産資材を提案できる

（営農指導員　上級）

　管内農地が長期的に保全されるように、生産者に適した肥料・農薬や生産資材を管内の生産者が選び使用できるように、個別に指導したり、全体に発信したりできる

【能力評価項目：販売指導（例）】

（営農指導員　初級）

　産地の主要品目について、全国の気象状況を把握し、農産物の市況を見通し、生産者に伝えることができる

（営農指導員　中級）

　担当品目の生産者の経営方針（規模拡大、現状維持、縮小）を確認・共有し、生産者の意向に沿った販売先を提案できる

（営農指導員　上級）

　播種の段階から生産現場の状況を把握し、確度の高い出荷情報をもとに市場と交渉することができるとともに、消費者ニーズにもとづいて他部署と連携して販売先を開拓できる

③総合職とは異なる成長過程を処遇に反映する（報酬）

　　総合職と専門職はそれぞれ求められている能力の違いがあるだけで、優劣をつけるべきものではありません。そのため、「専門職コース」を導入すれば総額人件費が抑制されるという発想は間違いです。マネジメントができないからといって処遇を低くするのではなく、営農指導員が有する高度な専門知識・能力が余人を持って代えがたいと判断するのであれば、総合職と同等、もしくはそれ以上に評価することもあり得るはずです。

　　そのうえで、営農指導員の昇給は、総合職のような役割の変更を意図した昇格・昇進にもとづく昇給ではなく、同一等級内での専門知識・能力の習熟にもとづく昇給です。つまり、総合職は同じ等級に長く在級していれば、昇給額は途中から減額することが一般的ですが、営農指導員については、長期間の経験蓄積による能力伸長が期待されるため同じ等級に長期間在級していても一定の昇給額を確保するような報酬体系にします。

（7）能力・適性の見極め期間を経てコースを選択させる

　「専門職コース」を設計する際、採用段階から総合職と営農指導員とを区別するかどうかは重要な論点です。この点、採用段階は総合職として採用し、支店やセンターにおいて農協職員としての基礎知識を習得しつつ適性を見極める期間を設けて、指導監督職への昇格時に自らのキャリア選択として専門職を選択させることが妥当だと考えます。実際に農学部等の出身者であっても即戦力で営農指導ができるわけではなく、農協職員として農家との接し方を学んだうえで営農指導員として農家と接するほうが、農協組織の強みを活かした効果的な指導ができるようにな

ることが多いと感じます。

このとき、誰でも希望すれば専門職コースの営農指導員[1]になれるわけではありません。専門職コースの営農指導員になるためには、営農事業に関して一定年数以上経験があり、かつ業務に必要な資格を有していることが必要です。そのうえで、営農指導のスペシャリストとしての活躍が期待できると、上司から推薦された職員を専門職コースの営農指導員として処遇します。

（8）コース転換による抜け穴的昇格を防止する

総合職コースと専門職コースの営農指導員とは、全く異なる等級体系のなかで昇格管理されているため、総合職コースと専門職コースの営農指導員とのコース転換は慎重に実施しなければなりません。たとえば、マネジメント能力を求められず営農指導に関する知識・能力の習熟が期待されている専門職コースの営農指導員から、組織マネジメントが求められる総合職へのコース転換は原則として認めません。これによって営農指導に関する知識・能力のみで昇格した専門職コースの営農指導員がコース転換によってマネジメントが求められる総合職の管理職になることを防止します。

一方で、総合職から専門職コースの営農指導員へのコース転換を希望する場合には、必ず専門職の初級に格付けし、専門職として求められる専門知識・能力を習得させるようにします[2]。

（9）失敗する専門職コースの共通点

自己改革として農業所得の増大への貢献を掲げ、営農指導のスペシャリストを育成するために「専門職コース」の導入を検討する農協は増えてきています。しかし、実際に導入当初に期待していた効果を実感できている農協は多くありません。

---

[1]. 専門職コースの営農指導員と総合職コースの営農指導員とを併用することをおすすめします。営農指導員を専門職コースに限定してしまうと人事異動を過度に制限するとともに、総合職のキャリアの一環として営農指導を経験することができなくなってしまいます。実際に総合職コースを通じて営農指導に関する専門知識・能力とマネジメント力とを兼ね備えた職員が営農指導員としてのキャリアを経て営農部長などに就いていることは少なくありません。

[2]. ただし、総合職コースの営農指導員が専門職コースの営農指導員にコース転換する場合には、対象職員の有する専門知識・能力を適正に評価し、営農指導員の中級、もしくは上級へのコース転換を認めることも想定されます。

第3部 農協に必要な人材を育成する **111**

「専門職コース」の導入に失敗する農協では、専門職コースの営農指導員に求められる"高度な"専門知識・能力を安易に解釈し、総合職として処遇することが適当ではない職員を十把一絡げにして「専門職コース」というバケツに放り込んでいるというのが共通の実態です。

その結果、「専門職コース」の報酬水準は総合職と比べて低く抑えられ、営農指導のスペシャリストが選択する魅力はほとんどなく、「専門職コース」がマネジメントのできない、もしくは特定業務しかできない職員の選択肢になっています。

①マネジメントができない職員の受け皿になり失敗

「専門職コース」が、単にマネジメントができずに管理職になれない総合職の逃げ道として運用され、マネジメント能力のないベテラン職員の受け皿になっている農協で「専門職コース」が機能するはずはありません。

営農部門に長く在籍しているだけで高い専門能力のない職員は、マネジメントができない職員として総合職のなかで育成すべき職員であり、「専門職コース」で特別に処遇すべきではありません。

②それしかできない職員の受け皿になり失敗

肥料や農薬の予約を取り、部会を取りまとめるだけの職員や農機整備やカントリーなど、特定業務だけに従事している職員を安易に「専門職コース」として定義することで高度な専門知識・能力の要件が不明確になります。

「専門職コース」の営農指導員に求められているのは、プロ農家を従わせるだけの説得力を持った高度な専門知識・能力であり、単に特定業務の習熟を求めているわけではありません。そのため、高度な専門知識・能力を求められる「専門職コース」の職員と、特定業務にしか従事できない職員との区別を明確にしなければなりません。

(10) 自己改革のカギを握る営農指導員の育成

自分はできているつもりの営農指導員と、安易なコスト削減（＝人員削減）によって営農事業の収支改善を目指す経営層によって、自己改革の掛け声とは裏腹に改革の主役であるはずの営農指導員の指導力が低下

しています。実際に営農部門の管理職と話をすると「営農事業は赤字部門であり、組合内での発言力が弱く優秀な人材が集まらない」という悩みを聞くことは少なくありません。

　地域農業に対する農協の本気度は、直接収益に結びつかない営農指導事業に対する取組みを見れば一目瞭然です。口では「農業所得の増大が大切」と言っていても、短期的な目標達成にしか興味のない農協には営農指導員が育つ環境がありません。本気で自己改革を進める意思があるのであれば、営農指導員の育成は不可欠です。そのためには、営農指導員を独立したキャリアとして認めるとともに、営農指導員に成長ステップを示すことで、彼ら／彼女らの自立的な成長を促していかなければなりません。

　日々、農産物と向き合い試行錯誤しながら農業を継続し、自らが経営責任を負って農業経営している農家に対して"指導"することは容易なことではなく、「金融機関化した」「サラリーマン化した」とか言われる農協職員にできることではありません。

おわりに

「この地域における農協の役割とはなんでしょうか？」

私が人事制度改革のコンサルティングにお邪魔する際に、経営層に対して最初にお伺いする質問です。人事制度改革のインタビューでいきなり農協の役割を質問するので、「今日は何のインタビューだ？」と疑問に思われる方もいらっしゃいます。

しかし、私が人事制度を設計するにあたって最も重視しているのが、経営層の考える農協の"あるべき姿"です。

農協にとって人事制度とは単なる給与計算の仕組みではなく、農協が"あるべき姿"を実現するための手段の一つです。経営層がどのような農協像を描いているかによって、農協に必要な人事制度は異なります。このことは職員に対するメッセージでもあります。

人事制度を変更するということは、職員に期待する役割が変わるということであり、職員に求められる能力が変わるということです。その意味で、農協に変化が求められるこのタイミングで多くの農協が人事制度改革に取り組むのは必要なことだと考えています。

農協職員は金融マンではなく、保険（共済）の営業マンでもありません。全員が"農協人"であり、各事業領域における「専門性」と「農協らしさ」を兼ね備えた人材でなければなりません。「専門性」に偏った人材育成は農協の強みを喪失させ、組合員の農協離れを助長します。

農協を取り巻く環境変化に対応し、地域から必要とされる農協であり続けるために、各農協は"農協人"を育成するための人事制度を構築しなければなりません。

これまで全国の農協にお邪魔させていただき、多くの役職員の皆さんと意見交換をさせていただくなかで、私なりに農協の"あるべき姿"を思い描き、農協職員に期待する役割や能力を整理することができました。

なかでも、あいち知多農業協同組合の常勤役員の皆様には、限られた時間のなかで原稿に目を通していただき、経験豊富な立場から貴重なご意見を頂戴しました。この場を借りて、改めてお礼申し上げます。

【著者紹介】

有限責任監査法人 トーマツ

　有限責任監査法人 トーマツは日本におけるデロイト トウシュ トーマツ リミテッド（英国の法令に基づく保証有限責任会社）のメンバーファームの一員であり、監査・保証業務、リスクアドバイザリーを提供する日本で最大級の監査法人のひとつです。国内約40都市に約3,300名の公認会計士を含む約6,300名の専門家を擁し、大規模多国籍企業や主要な日本企業をクライアントとしています。詳細は当法人Webサイト（www.deloitte.com/jp）をご覧ください。

有限責任監査法人 トーマツ JA支援室

　JAの持続的成長をサポートする専門部隊であるJA支援室は、全国に約100名の専門メンバーを配置し、全国・都道府県組織と連携して全国のJAグループに対して、地域性、事業特性を踏まえた、資産査定や事務リスク、内部監査といった内部管理態勢高度化支援、中期経営計画策定支援、組織と人材変革支援、地域農業振興計画の策定支援など総合コンサルティングサービスを提供しています。

【総合監修】

井上　雅彦

　有限責任監査法人トーマツ執行役（渉外担当）、JA支援室室長。約30年に亘り、大手上場企業の会計監査、IPO支援に従事。JAグループに対して、経営基盤強化（内部管理体制構築支援、内部監査強化、規制対応など）、経営高度化（中期経営計画策定支援、営農・農業振興計画策定支援など）に関する総合コンサルティングを幅広く実施するとともに、農業生産法人、農業分野への新規参入母体に対する戦略策定支援、管理体制構築支援、財務基盤強化サービスなど総合コンサルティングにも取り組む。

【執筆者】

水谷　成吾

　トーマツグループ入社後、JAグループを対象に、中期経営計画策定支援、営業戦略策定支援、人事制度設計・導入支援、組織と人材変革支援など多角的なコンサルティングサービスを提供。現在は、有限責任監査法人トーマツ JA支援室にてJAのトータル人事制度の再構築を支援するとともに、役員向け経営戦略策定研修、支店長向けマネジメント力強化研修、相続相談対応力強化研修など人材育成と組織活性化に従事。

「農協人」を育成するための
人事制度改革

2018年9月1日　第1版　第1刷発行

著　　者　　有限責任監査法人 トーマツ JA支援室

発行者　　尾中隆夫

発行所　　全国共同出版株式会社
　　　　　〒161-0011 東京都新宿区若葉1-10-32
　　　　　TEL. 03-3359-4811　FAX. 03-3358-6174

印刷・製本　　株式会社アレックス

© 2018. For information, contact Deloitte Touche Tohmatsu LLC, Deloitte
Tohmatsu Tax Co.
定価はカバーに表示してあります。
Printed in japan